心定了，人生就顺了

Xin Ding Le
RenSheng
Jiu Shun Le

朱晓平◎著

南方日报出版社
NANFANG DAILY PRESS
中国·广州

图书在版编目（CIP）数据

心定了，人生就顺了 / 朱晓平著. — 广州 : 南方日报出版社，2025. 7. — ISBN 978-7-5491-3059-7

Ⅰ. B821-49

中国国家版本馆 CIP 数据核字第 2025FG2250 号

心定了，人生就顺了

XIN DING LE　RENSHENG JIU SHUN LE

◎ 朱晓平　著

出版发行： 南方日报出版社
地　　址： 广州市广州大道中 289 号
出 版 人： 周山丹
策　　划： 柏沐芸
责任编辑： 曹　星　刘淑桦
特约编辑： 吴　冕　匡嘉俊
责任校对： 阮昌汉　熊丽思
责任技编： 王　兰
封面题字： 曹隽平
装帧设计： 杨发凯　柏露雪
经　　销： 全国新华书店
印　　刷： 湖南省众鑫印务有限公司
成品尺寸： 140 mm x 210 mm
印　　张： 8.25
字　　数： 142 千字
版　　次： 2025 年 7 月第 1 版
印　　次： 2025 年 7 月第 1 次印刷
定　　价： 49.00 元

文稿整理

何亚珂　徐红梅　孙黎花
王媛媛　郭　琰　赵妍湫

自序

Preface

你是否有过这样的经历：早晨起来，因为一件很小的事情，比如打破了一个盘子，导致自己心烦意乱。你带着糟糕的心情出门，结果当天一桩桩不顺的事情如同多米诺骨牌接踵而至。

在我们的生活中，这样的不如意时有发生。面对混乱、事情进展不如预期时，我们该如何去应对呢？我觉得最重要的是不要慌，先保持冷静，让自己的心定下来，然后将事情向着好的方向去推进。如果我们在第一件糟糕的事情发生时能先沉住气，不陷入糟糕的情绪中，也许接下来的情况就会有所改变。

还记得 2020 年初，突如其来的疫情将我们惯常的生活完全打破。当时我面临着很大的压力，本打算带学生去新西兰游学，行程都已敲定，当地的宾馆等也都已安排妥当，但疫情的到来打乱了我的计划，国际航线中断，而不出行又会带来重大的经济损失。在两难之际，我告诉自己陷入情绪解决不了任何问题，于是先让心定下来，和团员们真诚地沟通。本着“安全第一”的原则，抱着“来日方长”的心态，大家也很快接受了无法出团的行程变化，并商定了应对经济损失的解决方案。

所以，遇到紧急的事情，先不要卷入没有意义的抱怨和相互指责中，而是要让自己的心安定下来。定能生慧，人有了智慧就能从混乱的局面中找到解决问题的方法，进而开辟出一条路。

没有前往新西兰的我，被困在家中无法出门，于是又面临着新的问题：接下来的时间我该做些什么？这时我的脑海中跳出一句话：“坏事背后有好事。”我始终相信，危险和机会是并存的，我们不要总想着“危机”中的危险，而是要学会去捕捉其中的机会。

于是，我开始了线上直播的尝试，从最初的“腾讯会议”，到“小鹅通”，再到后来的“视频号”。起初在直播中，我也不知道要讲些什么，面对冰冷的手机而不是有温度的听众，很不适应。但一次偶然的连麦答疑让我有了灵感，在和大家交流的过程中，我发现自己的倾听、剖析和引导的确能够帮大家解决一些问题，于是渐渐形成了我们直播间连麦答疑的风格。

到目前为止，我已经在“视频号”上直播了三年，这期间结识了很多缘分。我不仅遇到了很多人，还积累了不少案例。案例涵盖亲子教育、职业规划、人生困境、价值创造、人文哲学、世界格局等多方面的话题。这些案例看上去包罗万象，实则都可以归结于一处，那就是我们的“心”。我们在直播间所有的体验正是为了修我们这颗“心”。心大了，事就小了；心定了，你会感觉到人生就顺了。其实我们大多时候并不能扭转事态的发展趋势，但是心的安定，会让你不慌乱、不盲目、有方向，这是一种意念转变带来的“顺”。

本书的出版可谓是“集体共创”与“水到渠成”的结果。在持续的直播中，一个又一个真实的案例让我们对不少问题有了深入的思考与探讨，同时亚珂老师及团队伙伴记录了大量直播的内容，积累到了一定的量，我们便从其中精选了66篇，经过梳理加工，形成了本书的主要内容。我觉得这样的内容是有价值的，因为它不是我个人苦思冥想的创作，而是大家彼此交流中真实念头的流淌。这些不是枯燥的理论文字，而是在鲜活的案例中生发的智慧。感恩大家共同的付出与创造，每个人在人生不同阶段的感悟是不一样的，本书代表着我在这个阶段对人生的思考，若能给大家一些启发，我也就心满意足了。

今天是 2025 年 1 月 29 日，乙巳蛇年大年初一。写完以上文字，今年的故事将随着岁月的流转而继续，有让我们开心的事情，也一定会有让我们烦心的事情，无论怎样，生活会继续，直播也会继续。无论是阳光灿烂还是风雨交加，希望我们保持良好的心态，过好生命的每一天！

朱晓平

2025 年 1 月 29 日

目录

Contents

贰 / 认知之心

叁 / 关系之心

肆 / 自我之心

壹 / 情绪之心

生活中，我们经常会有情绪上的困扰，比如焦虑、嫉妒、恐惧、迷茫，等等。面对情绪，我们习惯于向外归因，认为是外在的人和事引发的。但我们也经常发现，面对同一件事，不同的人会有不同的情绪反应。比如被别人批评了，有的人会暴怒，恨不得和对方打一架；有的人虽然也会感到不快，但很快就能放下，一笑了之。

这种反差是在提醒我们，人大多数的烦恼，并不是源自事情本身，而是基于对这件事情的看法。说得再深一点，就是源自我们的心。如果把心比作大海，那么情绪就是海上的波浪。心海一动，情绪之浪就会生起，然后肆虐，让人乱了方寸。所以，要调整好情绪，关键在于自己的心。这就是我们常说的“先处理心情，再处理事情”。

本章聚焦当下最常见、最困扰我们的一些情绪问题，比如：

我们总是很焦虑，焦虑孩子的学习，焦虑自己的工作，焦虑伴侣之间的感情；

虽然我们的物质生活很丰富，但内在的感受很匮乏，不开心的时候越来越多，抑郁的人越来越多；

我们经常因为一些不起眼的小事而争吵，不断地消耗自己；

遇到问题容易冲动，总是走极端，钻牛角尖；

感觉活得太紧绷了，没有办法让自己放松下来；

总是很迷茫，不知道未来的出路在哪里；

…………

这些情绪问题对应的是我们内心的一个个卡点。如何找到这些卡点，然后化解它们，这是我在本章想和大家重点分享的。

情绪的问题既复杂又简单。当我们执着于情绪的种种表象，被情绪所掌控时，情绪就会像一团乱麻，变得很复杂。但如果我们能看透问题的本质，情绪又会变得很简单。我们可以记住两个字：“觉”和“问”。

“觉”就是觉察。我们需要跳出自己的思维模式，站在整体的角度来看问题，情绪往往与“我”相关，只有跳出这个“我”，我们才能客观地看清自己的情绪，并读懂它。

“问”就是问自己，这件事情真的值得我在意吗？别人的看法真的重要吗？我的人生需要在这些无谓的情绪中消耗吗？不断地问自己一些问题，拉长时空去看待这些问题，才能找到真正的答案。

“觉”和“问”都是一个内求的过程，“觉”是“跳出”自己，“问”是反求诸己，制心一处，处处通达。我们的心安定平和，就不会在情绪的烦恼中停留。如果你想做一个情绪稳定的人，还请慢慢品读本章内容。

活在当下：

不焦虑，不烦躁

经常有人问："老师，为什么我总是那么焦虑和烦躁？"

我的答案是，我们的心经常挂碍于对未来的期待，或者沉浸于过往的懊悔中，就会无法安住于当下。无法安住当下时，人容易焦虑，容易生烦恼。

比如看书时，你可能会想晚上吃什么，明天约了朋友，见面后要讲些什么。结果书翻了好几页，大脑却是一片空白的。再比如手里股票的价格不断上涨时，你可能会想，当初多买一些就好了，就可以赚更多的钱。一个念头的转变，本来快乐的事情瞬间就变成了懊恼。

所以，**人的很多烦恼，不是源于当下，而是缘于无法全身心地投入当下**。

当下有巨大的能量，真正处于当下的人其内在是“空”的。而“空”就会产生妙有。

在六祖惠能大师还是樵夫时，一日，他往客栈里送柴，正好听到有人在客栈里诵《金刚经》，当诵到“应无所住而生其心”时，他当下即悟。

当我们的念头不固着于任何特定对象、观念与情感时，心中的能量即刻升起，感应万物的那颗清明的心立马就会显现出来。惠能大师能够当下即悟，也正是因为他内在的“空”，空生妙有。

活在当下，要避免执着于当下。

《金刚经》中有言：“过去心不可得，现在心不可得，未来心不可得。”过去、现在、未来，都是人类对时间的认定，甚至连“时间”本身，也只是方便我们认知的一个设定。

我们讲的现在或当下，其实已并非当下，因为当下转瞬即逝，只有不执着于当下才能真正活在当下。

种自己的因果：放下嫉妒

很多人看到别人学习、生活比自己好，智慧比自己高，而自己又无法超越时，就会心生嫉妒。嫉妒就像人心头上的火焰山，会让人痛苦不堪。

怎样才能放下嫉妒心呢？这要从根源上找方法。

嫉妒源于对立。

我们通常不会嫉妒自己的父母，因为我们常常会把自己和父母视为一体。我好，就是父母好；父母好，就是我好。而嫉妒他人，则是在自己和他人之间设下一道界限，把别人当成对立的存在。别人好，就显得我不好；我不好，自然就会难受。一个人的嫉妒心越重，他跟外在世界的对立就越明显。与外在越对立，内在就越匮乏。

但如果我们的“心量”足够大，像大海一样包容万物，把自己和全天下的人都视为一体，同呼吸共命运，就不会产生嫉妒之心。也就是说，一旦我们用欣赏的眼光去看待他人，就会发现其实每个人乃至一切都很美好。这样我们跟所有人都可以产生联结，并且能从中汲取能量，让我们的心性得到滋养。

嫉妒是种错了因果。

家长如果希望孩子幸福，就不要给孩子种下比较的种子，而应该种下自我超越的种子。人生是用来自我绽放的，而不是用来与他人比较的。重要的是做好自己人生的主角，守住自己的中心。

想要突破嫉妒，先要知道，每个人的因果是不同的。别人的学习好，是因为别人学习刻苦；别人的事业成就高，是因为别人工作努力，有头脑。**我们应该借鉴别人的“因”，而不是嫉妒别人的“果”**。

《楞严经》中说道：“因地不真，果招纡曲。”意思是，如果修行的动机不正确，那么所招致的结果将会是曲折和复杂的。因此，我们每个人要懂得种好自己的因果。

《论语》中说“见贤思齐焉，见不贤而内自省也”，这句话的核心是万物的本质都要回归自己本身，因为天下乃至宇宙，统统都是“我”自性变现。我的世界应该由我来创造，身边所有的东西都是我所汇聚来的缘分。只要我努力了，成长了，变好了，我的世界也会跟着变好。

如果在生活中我们总是把注意力放在别人身上，看见别人好就愤愤不平，看见别人不好就幸灾乐祸，那我们很难让自己的内心获得真正的富足。

不比较，不嫉妒是求诸己的过程，是在种自己的因，得自己的果。

破掉概念的『相』：克服恐惧

我时常自我觉察：我的内心有没有恐惧？

有，而且很多。比如说：体检指标不好时，我担心自己是不是生了什么大病？看到有车祸发生时，我担心自己和家人会不会遭遇什么不测？看到飞机发生意外时，我担心自己坐飞机时会不会也不安全？每当担心坏事发生时，我能确切地感受到心跳开始加速。

这些恐惧让我患得患失，内心似乎挂上了重重的秤砣，总是惴惴不安。与此同时，我发现，这些让我担心的事在生活中并未发生，它们并非真实存在，而只是我头脑中的臆想！

很多人告诉我，他们也有过这样的感受，这让我释然了一些，因为如果你有、我有、他也有这样的内在恐惧，那说明拥有恐惧的内心本身就是一件正常的事情，只不过很多时候我们的恐惧感并不是基于事实，而是基于想象。也就是说，真正让我们惶惶不安的，是对“恐惧”的恐惧。

我们的恐惧从何而来呢？

这个问题的答案有些复杂，在我看来，是与我们的信息输入，或者“概念”输入有关。比如，我们常说“初生牛犊不怕虎”，为什么刚出生的牛犊连老虎都不怕呢？因为它们刚来到这个世界，意识中还没有被赋予“虎”的危险性，所以不会感到恐惧。

同理，我们也是在成长的过程中，被教育和告知种种事物的危险性，建立了很多的“概念”，包括死亡、权威、疾病，等等。有的概念是对客观现实的反映，但也有一些概念是人为创造的，我们克服恐惧时也要破除这些概念。比如，很多人害怕权威，只要看见一个人穿着警察的制服，马上就会感到畏惧，这就是着了概念的“相”，被“相”控制了。

我们要如何破掉这些“相”，回归本质去看问题，看到这个人的真善美，让这些恐惧随之消失呢？第一步是不要和恐惧对抗，接受恐惧这种感受。恐惧是人的本能，人人都有，这没什么可羞愧的。然后，跳出自我来看恐惧。你可以问问自己，这些恐惧是真实存在的，还是自己的头脑制造出来的？这往往可以让我们从“小我的在意”中跳脱出来，从现象中看到本质，让我们的头脑回归理性，让我们的内心回归平和。

我们这里说的“克服恐惧”，并不是说不注意安全，而是在确保安全的前提下，破除自己制造出来的恐惧臆想。举个例子，我曾经在新西兰玩过蹦极，这是一项让很多人都望而生畏的运动。客观上说，如果我们身体没有高血压等疾病，这个挑战是安全的，但是我们依然会害怕，这时候要怎么办呢？我是这样说服自己的：人生就是一场经历，虽然恐惧但是依然可以前行，带着觉知去体验，相信这样的体验可以拓展我们内心的空间。当我们抱着“体验恐惧本身即是美好”的心态时，恐惧就不只是恐惧，而是一种有价值的恐惧了。

所以，遇到恐惧的事情，放下头脑的分别，跳出现象看本质，我们便会多了一份淡定和平和。

写到这里的时候，我依然没有给大家讲化解恐惧的具体方法，因为这不是某一个方法能解决的，它需要的是心法。如果我们的心经常“住”在伤害中，“住”在得失间，恐惧就无法消失；如果我们的心只去感应当下，物来则应，去而不留，那么我们就只是感到恐惧，而不是执着于恐惧。生命本就是一个过程，让发生自然而然地发生，丢了一些东西，考少了一点分数，失去了某一个朋友，那又如何？自然万物演变至今，多少风云变幻，沉沉浮浮，世界依然在，我心依然在，所以“无有恐怖”，因我心不住！

觉察自己的念头：不在小事中消耗自己

我们的心很容易被一些琐碎的小事所消耗。

比如和家人之间的小争吵，和朋友之间的小矛盾，和陌生人之间的小冲突，这些都可能让我们的内心不舒服，而这些不舒服又会让我们的心被“一叶障目”。当我们拿起一片叶子遮挡在眼前，纵然叶子有大有小，但我们的视野都会不同程度地被遮住一部分，甚至是很大的一部分。这时，我们看到的世界就不是完整的世界了。

修心就是放下执着，尤其是在一些小事上的执着。

我与一位老师交流时，他说：世界各个地方的文化可能各不相同，观念也有所差异，但是有一样东西是相同的，就是我们内心的执着。**执着是苦，当我们执着于一些小事的时候，很多原本快乐的体验就会被影响**。

有位女孩曾分享过这样的烦恼：每次和朋友们一起出去玩，她经常因为自己某一句话说得不恰当而耿耿于怀，反复去想自己当时为什么这样说，自己的嘴怎么这么笨，等等，陷入不停地胡思乱想和内耗之中。

生活不像拍电影，偶尔说错一些话，有一些不恰当的举动，这些都很正常。很多时候，别人可能根本没有注意到你言语上的小瑕疵，或者即便注意到了，也不会放在心上。而如果我们自己抓住这些问题不放，把大量的时间和精力都耗费于此，执着于此，就会陷入执念之中。

执念，就像太阳底下的一朵乌云，会阻碍阳光照在我们身上，

会让我们感受不到生活本来就有的很多快乐和美好。所以，如何破掉执念，是我们一生要修的功课。

破掉执念的前提是觉察，去觉察自己所想的是否真的如此，是否真的有那么严重。“一念天堂，一念地狱”，只有多些觉察，多些正念，才能离开执着，收获当下的快乐和自在。

此外，大家可以多读读历史，因为历史会带给我们更长的时空观。在几千年的历史长河中，我们会看清很多的规律和人性。当我们把规律和人性看明白，再来思考当下的人生时就会发现，原本自己在意的很多事情其实很小，其实没那么重要。当我们的心被很多不重要的小事塞满时，就没有精力去处理真正重要的事情了。

我们常因小事产生内心的冲突和执着，只有通过不断觉察自己的念头，放下对细节的不必要的坚持，才能让我们的内心重归平静，从而更好地应对生活中的大挑战。

外求与内求：走出迷茫

当我们觉得生活一团糟，越来越迷茫时，问题是出在“生活”上，还是出在“我”身上呢？

《传习录》记载了一则故事：“先生（指哲学家王阳明）游南镇，一友指岩中花树问曰：‘天下无心外之物，如此花树在深山中自开自落，于我心亦何相关？’先生曰：‘你未看此花时，此花与汝心同归于寂；你来看此花时，则此花颜色一时明白起来，便知此花不在你的心外。’”

“我”是世界的源头，当“我”存在的时候，周边所有与“我”产生联结的东西都会存在；当“我”消失的时候，世界的一切都会与“我”无关。这不是唯物，也不是唯心，这里讲的是一种感知。

我们是否看到花的美好，我们能否感受到生活的美好，主要与我们自己的心有关。因此，我们要好好关注自己的内心，学会向内求，而不是一味地向外寻求。

外求是在能力层面，内求是在能量层面，二者没有对与错，只是处于不同的阶段与层次。

我们学习任何一项技术层面的东西，都是在外求。外求就好比我们去买了很多食物，吃下去了，而我们的消化功能就像内求的能力。假如我们的消化功能不好，自己的智慧不够，外在的那些资源也并不会为我所用。所以我们不仅要去买食物，还要提升自己的消化能力，提升自己的智慧水平，这就是内求的过程。

内求关注的是自己内在的感受、情绪、认知和信念等，这些我们用眼睛看不见，用手摸不到，但是用心可以感受到。人的内在是有巨大能量的，它就像太阳一样，不断为我们的人生提供动力、活力和生命力。内在能量高的人，向外求时才会更从容，更自信。

很多人在生活中感到迷茫，一个主要的原因就是过度看重向外求，而忽略了向内求。

比如工作上一件事没做好，有的人喜欢指责别人，认为都是别人的错，是别人的不配合导致自己没做好，这就是一种向外求的看问题的方式。还有的人喜欢反思自己，他们会想自己哪里考虑得不周全，哪里做得不到位，从而不断提升自己。前者看似不用为问题担负责任，暂时轻松了，但也失去了让自己成长、让自己变得更好的可能性。

再比如人际关系上，有的人很在意别人的看法，需要别人的鼓励和赞美让自己保持自信。这也是一种向外求，求别人的认可，求别人的喜欢。还有的人对自己有清晰的认识，知道自己有哪些不足，同时也知道自己有哪些天赋和优势，他们相信自己的感觉，不会因为别人的看法而动摇自己的内心。过度向外求的人，习惯了让别人来定义自己，忽略了自己的主体性，在遇到问题时容易慌乱，不知所措。

人在向外求时会想要不断去攀缘，结果常常越攀越远，越攀越迷茫。我们只有不断向内求，守住自己的中心，未来的路才会越来越清晰。**当一个人清楚地知道自己想要什么，知道自己想要去往哪里时，整个世界都会来帮你，外在的种种缘分也会慢慢向你聚拢。**

安顿内心：停止不开心

这些年，不开心的人越来越多，抑郁的人也越来越多。为什么明明生活条件好了，我们内心的感受却没变好呢？

生活中的不开心大多来源于比较。小的时候比分数，长大了比金钱和地位。有比较就有得失，随之而来的就是一些负面情绪的滋生。

我经常做直播，有时候看到别人的直播间数据更好，我也会升起比较心。其实这是一种正常的反应，每个人都会有。这时我会换个视角，想一想我和其他直播间老师的分享都能让大家受益，并不是你好我就不好，也不是我好你就不好，而是所有人都好，只是好的方面和方向不同罢了，这样我的心就会自在和放松。

所以，当我们内在空间越来越大时，比较心就开始越来越小；当我们站在更大、更长远的时空里思考问题时，就能放下比较心。一个人能够跳出心量的空间局限，能够像弥勒佛一样“大肚能容天下难容之事”，就不会不开心了。

生活中的不开心还来源于我们总是去看自己没有的，而忽视自己所拥有的。

庄子讲过一句话：“天下皆知求其所不知，而莫知求其所已知者。”天下的人都知道往外去追寻自己不知道的一些东西，而不知道往内探求自己已知的一些东西。换句话说，人们通常会关注自己未知的领域和需要改进的地方，却往往忽略了自己已知的领域和已经完善的地方。

就如“吸引力法则”说的一样：你关注什么，就会得到什么。当我们总是关注自己没有的东西，关注自身的缺失时，我们得到的是深深的缺失感，似乎我们总是被生活所辜负，命运对我们不太公平。

相反，当我们把注意力更多地放在自己所拥有的东西上，关注自己的收获时，就会发现生活处处是小确幸、小美满。人越成熟就越会发现，每个人真正需要的东西并不多，一日三餐、夜卧六尺、健康的身体足矣。眼中景、碗中餐、身边人，我们穷极一生追求的幸福，其实就在当下。

所以，快乐其实很简单。安顿自己的内心，珍惜生活的各种馈赠，拒绝各种欲望的诱惑，懂得知足，然后才能常乐。

提升心性：超越痛苦

人这一生是要经历很多痛苦的，比如生理上的苦、心理上的苦。

有一次家庭聚会，我见到了很多亲戚长辈。老年人见面不会问你今天做了多少工作，赚了多少钱，他们会问你的身体好不好。其实有时候生病并不是什么大问题，很多身体上的问题是想太多、恐惧、焦虑导致的。

这就是我们常说的“病由心起，业由心造，命由心改”。

现在我妈妈和我说得最多的话，就是注意身体健康。我看到身边的很多长辈慢慢地老去，大家曾经在乎的物质财富以及是非对错，在老去的时候似乎都没有那么重要了，健康的身体、乐观的心境才是更珍贵的！可人生总要面对疾病、痛苦、灾难和老去，我们该如何面对呢？

佛学里说，当我们来到这个世界时，就已经跟痛苦在一起了。当然快乐也跟随着我们，所以才会有“悲喜交加”。

其实，生命就是一趟旅程。稻盛和夫说：在这场旅途中，我们要去提升我们的心性，修炼我们的灵魂。**痛苦对于我们来说，不仅是一种人生体验，还是让我们生发智慧的养料。**我们不要畏惧痛苦，因为痛苦的背面也许隐藏着更多的价值！

作家史铁生年轻的时候双腿瘫痪，后来又得了尿毒症，需要不停地透析来维持生命。可以说，痛苦伴随了他的一生。但是，他没有被人生的磨难击垮，而是投身于写作，基于自己的人生经历书写了许多经典文学作品。

可见，重要的不是我们经历了什么，而是我们能将这些经历转化成什么。当我们的心性被提升到一个更高的水平时，就能超越痛苦，而那些原本折磨你的事也可能会成就你。

情绪解压技巧：化解负能量

在充满未知的生活中，我们面临着各种无常，情绪也因此而不断波动。比如我们会担心失去珍视之物，会放不下内心的牵挂，会因为焦虑而惶恐不安。

这些情绪就像无形的手一样打乱我们的生活节奏，让我们无法专注于眼前的事，从而陷入自我否定和内耗之中。

有的人会想，要是没有这些情绪就好了。相反，我觉得这就是生而为人的珍贵之处。不知道你是否会羡慕机器人，它们遇事冷静，又能高效地处理事情，理性也让它们能时刻保持清醒。但也许机器人也正羡慕着我们，羡慕我们能去感受喜怒哀乐，体会四季轮转。我们可能会因为天气晴朗和美丽的花而感到心情舒畅，也会因为一场意外而感叹世事无常；我们会因为见到好朋友而兴奋激动，也会因为分离而感到难过。也许，正因为我们有七情六欲，才能让我们更好地感知彼此的感受，真正有温度地走入彼此的内心。

当然，如果我们在生活中情绪起伏过大，比如过于紧张、过于焦虑、过于愤怒或者过于嫉妒，那么情绪疏解的工作是必不可少的。

在此，我想向大家分享一些实用的情绪解压技巧，让我们学会与情绪友好相处。

首先，可以尝试将当下的情绪书写出来，或是用画画表达。

情绪宛如天边的云，形态万千却又捉摸不定。通过书写或绘画，我们可以将这些无形的感受具象化，让手中的笔跟随内心的波澜，随心书写或涂抹，让闷在心底的负面能量得到释放。在写和画的过程中，我们的心能更加专注于当下，完全投入自己的内心世界。完成之后，你可以选择将它们撕碎或者烧掉，在内心默默模拟与负面情绪告别的仪式。**成长，往往是一个人独自感受内心波澜的过程，唯有在汹涌过后，才能寻得那份宁静与平和。**

除了写和画，我们还可以通过砸枕头，在空旷之地大声喊叫，或者在专业的疗愈空间去发泄，让情绪得到安全、有效的宣泄。

其次，与内在小孩对话，本质上也是一种冥想和内观。当你感觉情绪要将自己淹没时，不妨静下心来，和内心深处的自己展开一场对话，与自己进行一次深度的联结。

你可以抽出相对完整的半天时间，在自己的房间里打造一个安静、舒适的空间。闭上眼睛，想象那个小孩的模样，他身处何方？正在做些什么？脸上又带着怎样的神情？你可以主动与他交流，也可以只是安静地坐在他身边，问问他：

“你现在感觉怎么样？”

“能不能跟我讲讲，是什么让你感到难过、紧张或者焦虑呢？”

“别害怕，我来陪着你，我们一起想办法解决……”

这样的对话，没有自我评判，没有自我否定，有的只是去看见那个内心的自己，去感受内心深处的最真实想法。或许在交流之后，你会惊觉，原本以为亟待解决的问题，已不再是难以跨越的障碍，反而成为让自己更贴近内心的桥梁。另外，多聆听冥想音乐，或是跟随引导词进行放松练习，也能帮助我们暂时抛开烦恼，进入一个纯净、平和的精神世界。

最后，运动也是情绪解压的一个良方。冥想、拉伸、八段锦等都是不错的选择。

情绪如同流动的能量，让这股能量保持通畅至关重要。当我们做冥想时，可以想象情绪在一呼一吸之间缓缓地释放；当我们拉伸时，可以想象淤堵的情绪正在慢慢得到舒展；当我们做八段锦时，可以想象每一个动作都是在释放负面情绪，清空体内积攒的负面能量。这几个方法你都可以尝试。当然，你也可以只选择一种自己喜欢的方式。适合自己的就是最好的。

情绪的背后，往往隐藏着未被满足的心理需求。如果你感到恐惧，请先不要质疑它或者害怕它。它也许降低了你做事的效率或者让你否定自己，但它也提醒你远离危险，保护你，避免了更多的灾难。所以，当情绪出现时，去看见它，允许它存在，并欢迎它的到来，感谢它让你获得新的生命体验。当我们接纳情绪时，也许它就会像一朵云悄无声息地飘走了。

破除分别心：找到内心的平和

善恶、美丑、高低，这些都是我们的分别心。

分别心产生了评判，面对人也好，事也好，物也好，我们总是忍不住去评出一个好坏优劣来，然后去追求更好的。虽然在追求的过程中我们可能会得到暂时的满足与幸福，但也会面临很多的痛苦。比如遇到比自己更富有、比自己更好看、比自己更有魅力的人时，我们也会对自己评判，会下意识地自我否定，从而导致内心失衡。

人的内心如果总是处于不安稳的状态，即使拥有再多也不会有真正的满足感和幸福感。所以，如果我们想找到内心的平和，就需要破除分别心。

破除分别心，需要我们站在更高的维度，去看到事物的本质。

苏轼说：“不识庐山真面目，只缘身在此山中。”当我们被眼前的得失、好坏所束缚时，往往难以看清事物的全貌；而当我们站得更高，眼界更开阔时，对事物的理解也会发生转变。比如在地面时，我们容易关注路上跑的车是什么品牌的；而坐在飞机上从高空俯瞰大地时，我们根本不会注意到汽车的品牌，看到的只是一辆辆汽车而已。因此，我们的眼界越高，越容易从全局看待问题，分别心也就越少，越容易抓住事物的本质。

破除分别心，需要我们扩大自己的边界。

任何人都有边界，只要存在边界，就会出现分别和对立。当举办市级的体育比赛时，不同城市的代表队之间会成为对手，但当他们晋级到省级比赛时，原来的对手又成了队友。可见，边界越大，对立越少。当我们破除分别心，扩大自己的边界时，曾经的对手或许会变成朋友，人生的格局也随之更加开阔，我们自己也会更加自在和豁达。

当我们意识到所有外在的事物都是虚妄的，人生最重要的是体验时，分别心就会减少。

例如，家长认为孩子考上大学是一件好事，考不上则是一件坏事。实际上，这些所谓的好和坏都源自我们的分别心。无论考上与否，对孩子而言都是一种经历。人生重要的是体验和感悟不同经历的过程。如果我们拥有了这样的观念，就能减少一些分别心。即便没考上大学，但只要孩子勤奋学习，不断提升自己，做一个优秀的、拥有高尚品德的人，人生也会越来越好。

人生的本质是一趟旅程。旅程中最重要的是打开感受之门，体验遇见的一处处风景，滋养心灵。然而，我们经常受到分别心的局限，活在他人的期望和要求之中，活在他人的眼光和评价中，从而迷失自我。

除此之外，多读经典著作也有助于我们破除分别心。

《论语》中，“德不孤，必有邻”，强调彼此互助的重要性；

“己欲立而立人，己欲达而达人”，鼓励人们以慷慨善良之心待人处世；“己所不欲，勿施于人”，提醒人们不要将自身不愿意去做的事施加于他人。这些理念都旨在消除分别心，增进包容心，实现无分别的境界。

《道德经》中也提到“上善若水，水善利万物而不争”，强调无私包容的重要性；“处众人之所恶，故几于道”，强调处在大众不喜欢的境遇中、待在大众不常去的地方，反而更容易接近道的本质。道家认为，自然界的万物没有那么多的分别和对立，无分别的思想是道法的最高境界。一切好坏都是相对而言的，没有绝对的善与恶。

总之，少一些分别，就会少一点评判，多一些接纳。允许别人是别人，允许自己是自己，允许一切的发生，这样我们的内心才会更平和。

戒除贪嗔痴：平静是一种力量

平静是一种力量。一个能以平静的心态面对生活风风雨雨的人，往往是有大能量的人。当然，要做到这一点并不容易。简单来说，影响我们内心平静的因素主要有三个：贪、嗔、痴。

“贪”就是欲望过多，不知足。

欲望本身没有好坏，它只是一种状态。但欲望过多，就容易心生烦恼。比如我们在当下的直播渠道购物，有些确实是当下需要的，这叫按需购买。但很多时候我们只是贪图便宜，或者只是因为沉浸在主播制造的氛围中，从而买了很多自己并不需要的东西，等拿到后又开始后悔不已。这就是欲望过多带来的苦恼。

“嗔”就是怒火，生气。

当一个人嗔目之时，情绪写在脸上，脾气就会出来。“嗔”的背后，其实是希望事情按照自己的意愿运转，而当现实未能满足期待时，情绪便随之失控。比如我们想让孩子放学回来就立刻写作业，如果孩子没有照做，我们就容易升起怒火。

“嗔”的背后还有推卸责任的意图，也就是说喜欢指责他人的人容易产生怒火。

《庄子·山木篇》中有这样一个故事：一个人乘船过河，前面有船要撞上来，这个人破口大骂，骂对方不长眼。等船撞过来时，他发现船上空无一人，原来这是个空船。他刚才的满腔怒火，瞬间就消失得无影无踪。没有了指责的对象，他只能自己对撞船这件事负起责任。所以，当一个人喜欢指责他人，也意味着他想推卸责任。

“嗔”与过往的成长环境也有一定的关系。一个孩子的父母如果脾气很暴躁，动不动就发火，那么，这个孩子的脾气也可能很暴躁。教育是一个输入和输出的过程，习惯了被“输入”怒火的人，也会习惯性地“输出”怒火。

“痴”常常被理解为愚痴，不明事理，不分是非。而在现实生活中，它更多体现为过度执着。

孔子曰：“极端是恶。”对任何事物，一旦过度执着，就容易陷入偏激，失去平衡。

我们看待事情如果只看一面，观点就会偏颇；我们说话时如果把话说得太满，表达就会绝对。对任何事物一旦过度执着，就会少了黑和白中间的灰度，就容易让人走向极端。网络上的很多争吵、攻击，甚至是网暴行为，往往都源于这种“痴”的状态——也就是执着导致的愚痴行为。

我们怎样做才能让心恢复平静呢？三个字：觉、悟、空。

当我们有情绪、欲望的时候，当我们过于执着的时候，首先要有一份觉察，学会“跳出自己看自己”。你可以问问自己：“我所执着的东西真的是我需要的吗？它真的有那么重要吗？它值得我如此执着吗？”这样的自我觉察，有助于我们了解自己内心真实的声音。

觉后还需要悟。

悟就是用心感受，不被情绪所裹挟。**我们在做很多决定的时候，至少要让自己有三分钟的安静，用心感受一下自己所做的决定到底是希望给别人带来美好，还是想满足私欲。心平静下来，答案往往就会浮现。**

觉和悟之后还有一个更高的境界——空，即清空自己的念头、欲望和执着，摆脱各种精神上的束缚，达到一种内在自由的状态。当我们的心灵达到空的境界时，整个人就会变得更有创造性，也就是我们常说的“空生妙有”。这时，我们会处在更深入、更和谐的平静之中。

内修愿力：随心而安

有的人很有上进心，也很努力，想要追求更好的生活，追求更高的事业成就，但渐渐发现自己变得浮躁，总是患得患失，这是为什么呢？

面对这种情况，我们需要思考一下，自己是否掉进了欲望的陷阱中？

人人都有欲望，欲望是我们生存和发展的重要动力，故而欲望本身不是问题。但欲望有一个特点，它是以满足自我的需求为出发点的，如果我们想要的太多，欲望过度，就会比较辛苦，也很难开心。因为人外有人，山外有山，欲望是无穷尽的，受制于欲望的人也就很难获得内心的安稳。

如何摆脱这种状况呢？

佛学中讲：佛就是觉悟了的人。其实每个人都是佛，众生只是被当下的计较、比较、分别、执着、欲望等蒙蔽了内心，是暂时迷失的佛。**当觉悟达到一定境界，能够去其本无、还其固有时，人就等同于佛。**

佛强调往内修，找到内心的愿力。“愿”从文字结构上来说，是一个“心”上面加一个“原”，这告诉我们要让自己的心回归原点，回到我们本自具足的心性或者智慧。

与关注自我需求的欲望不同，愿力是以关注更多人的需求为出发点的。一个有大愿力的人，关注的往往是更多人的利益，看到的是别人的不容易。这样的人拥有一颗慈悲的心，一颗有责任、有担当的心，一颗能够“先天下之忧而忧，后天下之乐而乐”的心。

当我们找到愿力时，就是一种觉悟的状态。这不是对欲望的压抑，而是将目光从自我转向众生，从而产生更高层次的目标。

如果我们希望人生境界有所不同，就要转变思维。比如说今天我丢了一百块钱，我心里不舒服，为此耿耿于怀。但是换位思考一下，或许捡到钱的人比我更需要用这个钱，我也是在帮助别人，那就不会在这件事情上纠结、内耗了。

在日常生活中，我们要学会减少一些小我的欲望，多一些大我的愿力。怀有愿力的人，不会计较眼前一时的得失，他们更看重自己的初心，更享受做事的过程，因此能做到把心放在当下，随遇而安，随心而安。

和其光，同其尘：
修炼豁达的心胸

有人问：“怎样提升自己，才能拥有宽广豁达的心胸？”

《道德经》里给出了答案：“和其光，同其尘。”

这句话指的是与万事万物和谐共处，但是又依然能保有自我存在，和而不同。和光同尘、和而不同、水和万物，这三个词中的“和”强调的是去除小我，去跟世界上更多外在的缘分联结。

这样，我们才能吸引到更多的人，吸引到更多的资源。从某种意义上说，“和”的本质就是让能量聚集。

在这个过程中，如果一个人内在的偏见和标准太多，就会陷入“我执”。很多夫妻和情侣在一起时，总觉得自己的生活方式更加正确，然后强迫对方去改变。如果对方不肯改变，就会产生各种争吵和冲突。其实，这个世界是多样的，每个人有不同的活法，给予别人空间和尊重，同时守住自己的中心，这或许才是和而不同的真谛。

要做到和光同尘、和而不同并不容易。因为“不同”就会带来“高低”“好坏”“美丑”等差异，而这些差异常常会带来挫败感和自我否定。我们可以提醒自己，凡事不用过度追求完美。过度追求完美会让人总看到自己不好的地方，而忽略了自己身上的优点和闪光点，这本质上是对生命完整性的否定。其实，人有不足很正常，这个世界上没有人是完美的。如果我们能接纳自己的有限性，坦然面对自己的不完美，就可以与自己和解，从自我攻击、自我苛责的漩涡中挣脱出来。

先有内在的和解，再有外在的成长。

如果一个人的内心充满了冲突，内在总是在打架，那么很难有能量处理好外在的各种关系。因此，要想获得外在的成长，得先从内在着手。

前文讲过，六祖惠能大师听到“应无所住而生其心”此句而顿时开悟，领悟到“一切万法，不离自性”。于是他对五祖弘忍大师说了这样一段经典的话：“何期自性，本自清净；何期自性，本不生灭；何期自性，本自具足；何期自性，本无动摇；何期自性，能生万法。”简单来说，就是我们的内在拥有一切，我们的内在能创造一切。

所以，**一个人如果要提升自己，一定要回归自己的源头，回归自己那颗心，先与自己和解。当自己的内心自在从容时，才能更好地与周围的人、与外在的世界联结和对话。**

“和其光，同其尘”的根本在于修其心，修好自己那颗“本自具足”的心，自然而然就能和光同尘。

悦纳自己：

松弛感是最好的养生

有一种说法是：一个人最顶级的心态，是玩家心态。

什么是玩家心态？就是不管面对生活还是工作，都能像玩游戏一样放松。

有一次，我见到一位年长的艺术大师，他虽然年龄比较大，但精气神像年轻人，浑身充满活力。他说自己保持好状态的方法是打太极拳和练气功。不是想起来才去练，而是时时刻刻都在练。在练的时候，他有一个秘诀，就是尽可能让自己放松。人越放松，身体越年轻。

回想一下，我们在生活中常常处于比较紧张的状态。孩子考试没考好，很紧张；出去见一个人谈工作，很紧张；明天要参加面试，很紧张……我们不仅精神上紧张，身体上也紧张。大家现在可以觉察一下自己，身体上的某一个部位此刻是不是正处于紧绷的状态？

人处在紧张的状态中时，常会产生堵的感觉：心里堵，脑袋堵。我跟那位大师聊了很多，让我受益最大的便是他身上的松弛感。我们都要慢慢学会放松。

有一段时间我睡眠不太好，晚上躺在床上明明特别想睡觉，但翻来覆去始终睡不着。因为头脑里想的事情比较多，大脑一直处于思虑的状态，强大的惯性让自己很难停下来。

我跟一位养生老师交流了自己的睡眠情况，他对我说：“你要接受自己睡不着，睡不着也不是一件很大的事情。你可以利用这个时间练呼吸，放松地吸气、呼气，并告诉自己睡不着也是一件好事。”

即便是面对睡不着这件事，我们也要让自己处于一种喜悦且接纳的状态，而不是急于否定它。当我们处于悦纳状态时，身心就会放松，人一放松就更容易睡着。

后来我总结自己失眠的原因，一是思虑过多，也即欲望过多；二是我还没有办法控制自己不思考。所以人生需要做减法，舍弃不重要的事，减少不必要的思虑。我们只有调整好自己的心，悦纳自己，才能让自己保持松弛感。

中庸之道：懂得变通，不极端

有人问："我不管是做事还是与人交往，都很容易冲动，甚至会变得极端，怎么才能调整自己？"

我的建议是：学习中庸之道。

中庸是一种智慧。《四书章句集注》中说："中者，不偏不倚，无过不及之名。庸，平常也。"不偏不倚，不会太过，且不超出平常。中庸的状态如珠走盘，把一颗珠子放在一个盘子里，珠子滚来滚去非常自由，但是滚不出盘子的边界。掌握中庸之道的人不会走极端，感性中不失理性。

中庸的人不会一看到别人有问题，就马上去指责，指责实际上就是在继续制造问题。有时“忽视”问题也是一种解决问题的方式。

比如，家长看到孩子在玩游戏，通常会说：“别老玩游戏，把手机放下，回房间写作业去！”但懂得中庸的人不会这么干，看见孩子在玩游戏，他什么也不说，继续忙自己的，顺便拿一本书在旁边看。这看似未加干涉，但实际上是以身示范。等孩子停下来时，他会问孩子“游戏哪里好玩？为什么喜欢玩游戏？”，并提供更多的休闲方式给孩子，等等。先去认可孩子，然后慢慢地带孩子寻找更有意义的事。在潜移默化之下，孩子慢慢把手机放下。

学习也要把握好度，不要对学习知识有太多的执念。死记硬背的学习、单纯知识点的积累有时会让人变得“教条主义”，会阻碍智慧和能量的自然流淌，导致高分低能。读万卷书，行万里路，知行合一，懂得融会贯通才能真正提升人的智慧。中庸，是修炼我们的整体性思维和平衡的智慧。

中庸的人境界高，看待问题更长远。

《吕氏春秋》记载的“子贡赎人”的故事讲，鲁国有一条法律：如果鲁国人在外国见到同胞遭遇不幸，沦落为奴隶，只要能够把这些人赎回来，帮助他们恢复自由，就可以从国家获得补偿和奖励。孔子的学生子贡把鲁国人从外国赎回来，但拒绝了国家的补偿。孔子说：“赐失之矣。自今以往，鲁人不赎人矣。取其金则无损于行，不取其金则不复赎人矣。”

孔子批评了子贡，因为子贡之举看似高尚，实则是破坏了良性循环的机制。孔子在看待问题时，没有局限于眼前，而是从全局出发，从建立良好的社会价值观导向出发，好人有好报，人人向善，天下才会更安定。而子贡救人不取报酬，这会导致大家以后都不愿意做好事，因为做好事对自己没有好处。

《道德经》言：“道可道，非常道。”道是无形的，中庸到了一定程度往往也是无形的，如果一个人天天跟你谈中庸，但是做事情却特别刻板，不能根据情况因势利导，又不能与时俱进，那就不是中庸，而是迂腐。

《礼记·檀弓》中记载了一段孔子和他的学生子路关于“礼”的对话。子路曰：“伤哉贫也，生无以为养，死无以为礼也。”

孔子曰：“啜菽饮水，尽其欢，斯之谓孝。敛手足形，还葬而无椁，称其财，斯之谓礼。”意思是，子路说：“贫穷真叫人伤心啊！父母在世时没有什么可以供养；父母去世后，又没有东西可以按规矩办丧事。”孔子回答子路说：“生前，尽管是粗茶淡饭，但只要让父母高高兴兴、精神愉快，这就可以说是做到孝顺了。死后，尽管所有的衣衾仅够掩藏尸体，而且是敛罢立即就葬，有棺而无椁，但只要是根据自己的财力尽力办事，也就合乎丧礼的要求了。”

孔子认为厚葬并不是“礼”，而内心对这件事的尊敬才是“礼”。所以，中庸的人懂得变通，不刻板，不教条，不拘泥于形式。

在社交媒体时代，算法机制的出现，导致人们常常只能看见自己想看见的，难以接触到不同的观点、不同的声音，这会让人变得偏执，甚至是极端。所以，学习中庸，掌握中庸的智慧，才可以让我们看问题更理性，做事更有分寸。

定慧一体：不在烦恼上停留

有时候人之所以烦恼，是因为想得太多，而做得太少。

我们经常说“定慧一体，知行合一”。知行合一的要义在于真知必含行动基因。借用王阳明的说法：知道做不到就不是真的知道。

比如说“利他”，稻盛和夫先生的“利他”和我的“利他”

以及其他人的“利他”，可能都不在同一层次。稻盛和夫将“利他”思维用在了商业上，而我在做任何事情的时候首先会思考，我能给别人带来什么好处。生活中很多人都在说要“利他”，实际却做不到，在与他人合作时，总是先想着自己的利益得失。

真正的知道是做到。当我的念头升起的那一刻，已经在行动了。所以如何做到定慧一体、知行合一呢？其中非常重要的一点就是“无念”。

无念不是没有念头，而是无杂念、无执着、当下觉知。惠能大师说，如果一个人一直坐在那里参禅打坐，什么心都不起，忘掉红尘中所有的纷纷扰扰，这不是真修行。不怕念起，就怕觉迟，人有情绪很正常，关键是不被情绪所困。当念头起来的时候，我们可以跳出自己看自己，有一份觉察。我们可以问自己：在我的生命中，这真的是天大的事吗？真的值得我那么在意和执着吗？

每年的 6 月是高考季，分数出来后几家欢喜几家愁。对学生来说，高考确实很重要，但我们无需过度放大它。生死之外无大事，曾经我们认为天大的事，后来发现也不过是某个阶段的一种经历而已。

修行要在事上修，喝茶隐世不是修行，面对人生风风雨雨之后还能保持觉知和不执着才是修行。我们所讲的“无念”也不是两耳不闻窗外事，而是在经历了很多世事后还可以保持正念。

孔子赞美弟子颜回说：“一箪食，一瓢饮，在陋巷，人不堪其忧，回也不改其乐。贤哉，回也！”快乐是内心的一种感觉，与拥有的物质多少没有绝对关系。我理解的正念是一种乐观的心境，这个念头既不是过去的，也不是未来的，而是当下的。如果念头经常停留在过去或者总是聚焦在未来，就会产生很多负面情绪。比如，为过去发生的事悔恨不已，为将要发生的事焦虑不安。

真正的无念是“心不住境”。当心不停留在烦恼的事上时就是“无住”，即心在当下，此刻就是美好。

情绪成长心法

当我们的念头不固着于任何特定对象、观念与情感时，心中的能量即刻升起，感应万物的那颗清明的心立马就会显现出来。

我们应该借鉴别人的“因”，而不是嫉妒别人的“果”。

当一个人清楚地知道自己想要什么，知道自己想要去往哪里时，整个世界都会来帮你，外在的种种缘分也会慢慢向你聚拢。

痛苦对于我们来说，不仅是一种人生体验，还是让我们生发智慧的养料。

当我们意识到所有外在的事物都是虚妄的，人生最重要的是体验时，分别心就会减少。

我们在做很多决定的时候，至少要让自己有三分钟的安静，用心感受一下自己所做的决定到底是希望给别人带来美好，还是想满足私欲。心平静下来，答案往往就会浮现。

当觉悟达到一定境界，能够去其本无、还其固有时，人就等同于佛。

一个人如果要提升自己，一定要回归自己的源头，回归自己那颗心，先与自己和解。当自己的内心自在从容时，才能更好地与周围的人、与外在的世界联结和对话。

真正的无念是“心不住境”。当心不停留在烦恼的事上时就是“无住”，即心在当下，此刻就是美好。

贰 / 认知之心

上一章，我们探讨的是情绪。从心理学的角度说，情绪的背后是认知。认知包含很多内容，这里我更想强调的是“思维方式”，就是面对一个事情，我们抱以什么样的看法。

有一个历史小故事，康熙年间有位礼部尚书叫张英，他在桐城的家人与邻居发生宅基地纠纷。张家人写信向张英求助，张英回诗一首：“千里修书只为墙，让他三尺又何妨？万里长城今犹在，不见当年秦始皇。”家人看后，自感惭愧，主动让出三尺，邻居知道后，也深感惭愧，同样让出三尺来，这就是安徽六尺巷的由来。

从表面上看，这是张英的胸襟大，其实，这是他的认知高。一个人认知的高低决定了他在处理问题时抉择的好坏。《论语》

中的“君子怀德，小人怀土”“君子坦荡荡，小人长戚戚”说的也是这个道理。

生活中，我们遇到的很多问题都与内心深处的认知有关：

为什么我们做的计划、立的“flag”总是无法实现？

为什么自己很努力工作，但事业上就是没有多大的突破？

为什么追求完美的人，生活的满意度和幸福度反而更低？

为什么有的人会有“选择困难症”，一到做决定的时候就犹豫不决？

为什么好胜心强的人反而不容易取得大的成就？

为什么越厉害的人越喜欢少做事，做减法？

…………

如果你也有以上困惑，说明认知维度还有待提升。如果我们能通过学习传统文化和在实践中领悟，提升自己的认知和思维方式，“用高维认知破解低维困境”，很多难题也就迎刃而解了。

本章，我会从基础的认知、感知、思维方式，到人生的选择、节奏、因果规律，为大家一一解析，帮助大家站在更高的维度活出更绽放的人生。

总之，就像我在本章中反复提及的，当我们修好自己的心，升级自己的认知时，就可以站在更大的空间里看待问题，会发现处处皆有资源，处处皆有缘分，处处皆有美好。

升级认知：跳出思维的牢笼

人在不同的维度会有不同的认知，不同的认知就会产生不同的结果。

当我们把一只手投影到墙上时，在二维的世界里看到的是影子，在三维的世界里看到的是手。如果我们想用二维的世界来描述三维的世界，难度可想而知。这也解释了为什么有些事对一些人来说很简单，但是对另一些人来说却非常难。这背后就是认知维度的差异。

我们曾经去河南安阳参观了羑里城的八卦阵迷宫，这是周文王被纣王关押时推演八卦的地方。我带着学生们一起玩迷宫，大家在里面绕来绕去，就是走不出来。迷宫的中间有一座亭子，亭子的高度要比迷宫高一些。当我从亭子里看迷宫时，觉得十分有趣：有时候出口就在眼前，但迷宫里的人却越走越远。亭子里的人能看得清楚，是因为站在了更高的高度。所以一个人的维度、境界或高度上去了，他看待事物时会更具有整体性，更容易看清方向。

我们在生活和工作的过程中，经常因为缺少持续的学习而过度依赖过去的经验和感觉，形成很多固有的认知。固有的认知并不都是错的，很多都是在过往的经历中为我们解决了很多问题的。但随着时间的推移、环境的变化，很多认知已经不适合当下的需要。

比如，有的人在经济条件不富裕的时候，认为工作就是为了养家糊口，为了赚更多的钱。这无可厚非，甚至可以说是一种有上进心的表现。但是，当一个人财富已经相对自由，而思维层次还停留在工作仅仅是为了赚更多钱，并不惜为此而损害自己的身体健康，忽视爱人和孩子的情感需求，忽视其他更深层次的意义，比如社会价值等，就可能会陷入无限循环的逐利的痛苦当中。

电脑的操作系统需要迭代升级以适应不断变化的环境。人的修行过程也像电脑系统升级那样，要不断打破固有认知，拓宽认知边界，升级认知维度。

要做到这点，一定要有终身学习的思维。学习不能只局限于学生阶段，不能只局限于学校之中，而是要贯穿于我们的一生。随着时代的发展，学习的途径越来越多。我们可以通过读书学习，可以向各个专业领域的老师学习，还可以跟 AI 学习。只要你想，总能找到适合你的学习方式。

一个人只有不断地学习、不断地成长，才可能跳出一个个思维的牢笼，遇见更好的自己。

感知：用心连接世界

我们经常听到这样一句话：你要用心生活。怎样才能做到用心呢？这就离不开我们的感知力。

感知是人的内心与外在世界的一种独特联结。

佛家认为，我们通过眼、耳、鼻、舌、身、意六根来感知大千世界的六尘：色、声、香、味、触、法。本意上也就是眼睛观色，耳朵听声，鼻子闻香，舌头尝味，身体有触觉，意根直接攀缘法尘。如果把一个人比作一个国家，那么六根就是我们的士兵，这些士兵能守卫我们的身体，给我们提供各种支持。

分辨颜色对普通人来说是一件非常容易的事情，我们可以用眼睛直接观察，但对于一些眼疾患者来说却十分困难。著名的盲人长笛演奏家吴晶老师说：“在我的世界里，我并不知道什么是红，什么是蓝，我只能凭我的想象。”她没有办法用眼睛去感知颜色。这种抽象的概念无法与她的心相连。

吴晶老师虽然看不见这个多彩的世界，但她可以用耳朵听。眼睛这个卫兵发挥不了作用，耳朵这个卫兵就变得更强大，承担起更多的责任。她的耳朵对外界的感知比我们大部分人都要灵敏，她能通过声音快速辨识不同的人。吴晶老师还写了一本书叫《我听见这世界缤纷》，她用听的方式来感受外在的世界，并内化于心。

人的感官系统遵循的是用进废退的原则，也即越用越灵敏，越不用越迟钝。在孩子小的时候，我们不要过于追求头脑层面知识的灌输，而要让他们多接触外在世界，引导他们用眼睛去发现，用耳朵去聆听，用心去感受，在行走中增长见识，提高对现实生活的感知力。如果我们过于忽视自己感官上的体验，忽视自己的感知力，可能会给自己的生活带来一些不利的影响。

很多成年人，尤其是中年人，容易陷入这样一种心境中：相比小时候，现在知道得更多，拥有得更多，看起来更成熟，但内心却越来越麻木，总是感觉不快乐。

奥斯卡金像奖最佳动画长片获奖影片《心灵奇旅》就探讨了这一话题。主人公乔伊·高纳的梦想是成为一名爵士乐乐手，但现实中他只是一名中学音乐老师。他觉得自己的生活像一潭死水，毫无乐趣。后来好不容易有了实现梦想的机会，但因为一次意外，他掉进下水道“死了”。

因为对这样的人生不满意，乔伊的灵魂在各种机缘巧合下获得了一次重返地球的机会。在重生之旅中，他逐渐发现，生命的美好就隐藏在日常生活的一个个细节中：一块美味的比萨，一片随风飘落的树叶，这些平时不曾在意的生活瞬间，一旦我们用心去感受，就能品味到其中的美好。**人生并不是只有实现了梦想才是有意义的，如果我们能珍惜每一个当下，感受其中一个个琐碎或微小的乐趣，人生就没有虚度。**

所以，人生的经历各不相同，怎样才叫好好活过呢？很重要的一点就是看我们从这些经历中感知到了什么。越是用心感知生活的人，越容易感受到幸福，越能活出自己独特的风采。

共赢思维：合则强，孤则弱

思维方式中有竞争思维和共赢思维。

竞争的思维方式，说白了就是我一定要比别人好，我要超越别人。比如学生在学习的时候，会想“我考试要达到班级前5名，要达到年级前50名”，这就是一种竞争意识。

学生有了竞争思维，学习上可能更有动力，更刻苦去读书，这是它积极的一面。但如果一个人的竞争心过强，总想着和别人比较，就容易引发一些问题。比如，可能会把身边的同学都当成对手，面对比自己学习好的同学，不是欣赏或向人家学习，而是嫉妒心爆棚；而面对不如自己的同学，又担心被超越，容易产生防御心理。这些都会影响学生自己的人际关系。

比竞争更重要的是共赢。共赢思维就是通过合作和分享，让大家都从中受益。有了这种思维，同学之间学习上的较量就变成了共同探讨和互帮互助。

比如，有的人觉得给别人讲题会占用自己的时间，对别人有利，但对自己无用。其实并非如此。有一种备受推崇的学习方法叫费曼学习法，由诺贝尔物理学奖获得者理查德·费曼提出。其核心理念是：一个人是否真正掌握了一个知识点，就看他能不能用简单易懂的语言和别人讲明白。也就是说，给别人讲题的过程，是加深自己对问题和知识点理解的过程。学生之间相互讲题是一种共赢，大家都能受益。而且，同学之间相互帮助，也有利于培养亲密的社交关系，不仅增强孩子的团队归属感，对孩子的身心健康也很有帮助。

所以，我建议要给孩子种下共赢的思维方式，而不是竞争的思维方式。

稻盛和夫在《活法》一书中总结了一个公式：

人生成果 = 思维方式 × 热情 × 能力。

当思维方式不一样时，种下的因就会不同，最后的果自然就有很大差异。重视培养孩子的思维方式就是给孩子种下未来的人生成果。我们国家把“立德树人”作为教育的根本任务，就是强调德行教育的重要性，这也是一种思维方式的引领。

《管子》中说：“合则强，孤则弱。”一个人越是有共赢的思维，就会越强大；一个人越是抱着竞争的思维，就会越弱小。**我们在心中种下什么样的思维方式，将来的人生路上就会收获什么样的果实。**

开放思维：心打开了，幸福才会进来

有人问："如何面对讨厌的人和事？"

当我们讨厌某人、某事、某物时，其实是我们的内心少了一份接纳。人一旦不接纳，就会产生抵触心理，并忍不住与之对抗。如果无法改变外在的世界，我们就需要调整内心，让境随心转，带着接纳和开放的心态去看待周遭的人和事。心态发生改变后，那个“讨厌的人”或许就不那么讨厌了。

生活中不可能所有的事情都按我们的期望进行，不可能所有的人都符合我们内心的标准。当我们讨厌别人时，表面上是在攻击对方，实则是在伤害自己。讨厌的情绪会让我们不开心，让我们被消极的能量笼罩。人性的弱点让我们常常只记得别人伤害了自己，而看不到自己可能也伤害了别人。

一个人拥有了开放的心态，能容纳更多人、事、物的存在，才能看到更多美好。

我们要修一颗悲悯之心，去理解更多生命形态，理解我们讨厌的那个人让人“讨厌”背后的深层原因。如果一个人有了慈悲之心，有了爱，那么他看谁可能都是顺眼的。当我们看这个世界，把嫉妒、嗔恨、评判和很多在意放下时，我们才能真正让自己的内心欢喜，这其实也是为自己打开了幸福之门。

认识到自己会“讨厌”别人这一局限，**用温柔的心拥抱和接纳自己人性上的弱点，它们就会变成礼物和恩典**。

开放的心态是相对的，并没有固定的标准。

以文身为例。在我们的社会文化中，大多数人是不太接受文身的。日本有一个规定：有文身的人不可以在公共场合泡温泉。但在一些欧美国家，以及亚洲的马来西亚、新加坡等国家，文身是一件很平常的事。所以没有绝对的对，也没有绝对的错。每个人在自己的认知里，有着自己的衡量标准。带着开放的心态行走世间，对内，我们多多理解自己；对外，我们不过多地评判他人。

看待“讨厌的事”，有一个原则要把握：这件“事”是不是对人有益？是不是带着某种偏见或者对人的压迫？

社会发展的过程中会形成一种思维，叫作“大众思维”。大众思维会形成集体意识，从而形成集体的社会观点。但这些集体意识未必都正确，因为它们只是某个历史时期发展的产物。比如中国古代有女子裹小脚的社会陋习，随着社会的发展，这些陋习已经被破除，取而代之的是更积极、更人性的转变，当代女性不仅不再裹小脚，甚至已经走向世界。

虽然不同时代、不同地域、不同的人有不同的活法，但如果我们能看到时代集体意识中的不足，并且能勇敢地去打破，这无疑是一种有勇气的体现。

每一个人的人生都由自己做主，我们既要允许自己真实地存在，也要允许别人真实地存在。对自己，我们需要多一些理解和接纳；对他人，我们需要多一些包容与尊重。对一些集体意识，我们要保有自己的观点，保持清醒的认知，成为温和又清明的人。

超前思维：看得远才能走得稳

世间所有相都是心的呈现。心是一切的源头，有什么样的心就会呈现什么样的相。

企业也是如此。一个企业创始人的内在有多高的境界，目光有多长远，某种程度上决定了这个企业将来有多大的发展。所以，作为创业者，一定要有超前思维。

21 世纪初期，手机市场曾是诺基亚的天下。诺基亚手机在全球的市场份额远远高于其他竞争对手，处于绝对领先地位。但具备超前思维的乔布斯看到了功能机的局限性，他研发的更智能的苹果手机异军突起，很快就取代了诺基亚的霸主地位，引领了手机的变革。

简单来说，超前思维就是看到未来发展方向的能力，而这种能力离不开学习和相关领域的认知的提升，认知提升了，我们才有可能做出更有利于未来的判断。所以说，为学习投资，就是为未来投资，为拥有超前思维投资，我们要给自己和青少年种下终身学习的种子。

超前思维并不只是眼光超前，它还需要我们做到两点：第一点是长期主义，第二点是先行付出。长期主义就是让时间飞一会儿，不急于求成，能够耐得住寂寞，静待花开；先行付出就是“舍”，想得到什么就要先舍得付出什么。只有愿意舍得、敢于舍得的人，才能得到更多。所以，要想成就大事，就不能太计较一时的得失，算小账的人很难有大发展。

想要超越别人，绝对不能依靠打压和诋毁，而是要带着开放的心态去表达、沟通、理解、信任和接纳，并在这样的基础上去学习、去创新、去践行。

历史告诉我们，沉浸在自己习惯的思维方式里虽然会比较舒适，但在这个不断变化、充满不确定性的世界里，会让我们错失巨大的机会。只有拥有超前思维才能看得远，只有看得远才能走得稳，才能赢得更大的机会和空间。

逆向思维：反过来看就对了

有人说，世界很复杂，套路太多，那么怎样才能在复杂的世界里站稳脚跟呢？有一个秘诀是：懂得逆向思维。

所谓逆向思维，就是从相反的角度看待我们习以为常的事物或观点。思维不同，看到的东西就不一样，遇到的机会就不同，收获的结果自然也会不同。

比如，很多人喜欢免费的东西。从公益的角度来说，我支持免费，因为免费能够让更多人受益。但从商品流通的角度来说，免费未必是好事，因为免费在一定程度上意味着品质无法保证，甚至还有不可预知的风险。

我们经常在新闻上看到一些旅游投诉，说某旅行团强制消费，不消费不让下车，或者不消费就半路赶下车，等等。本来出去旅游是为了高兴，结果弄得很不高兴。强制消费固然可恨，但有时候我们也要警醒自己，如果去的地方很远，包餐包住，还包往返机票，只需要交几百块钱，这样远远低于成本的旅游团能报吗？反过来站在旅行社的角度想一想，收费远低于成本，那旅行社靠什么生存呢？那他们自然就需要通过其他方式来弥补亏损，比如诱导旅行团成员消费。

经验告诉我们，免费的东西背后往往都有陷阱，贪心往往容易吃亏。当然，任何事情都不要绝对化。这里只是希望大家在面对免费的东西时，能多一些理性的判断。

《菜根谭》里有句话：“天欲祸人，必先以微福骄之，所以福来不必喜，要看他会受；天欲福人，必先以微祸儆之，所以祸来不必忧，要看他会救。”意思是，上天要降祸给某人，一定会先用一点福运来骄纵他。所以福运来了也不必太高兴，还要看他能不能受用。上天要降福给某人，一定会先用一点灾祸来儆戒他。所以灾祸来了也不必太忧愁，还要看他会不会化解。

因此，越是大部分人追捧的东西，我们越需要认真思考，从反面去想想这是为什么？或许会得到更清晰的答案。人生是我们一次又一次选择的结果，而选择是一次又一次思维方式的呈现。不是世界太复杂，是我们没有启动逆向思维。

当你怎么用力都推不开一扇门时，不妨试着拉一下。有些问题，如果正着来解决不了，就试着反过来看，或许能找到出路。

标准：自律、自在、自然

生活中我们往往会给自己设定一些标准。好的标准会促进我们的进步，但如果完全按照标准来，我们的生活会怎样呢？

以自律为例。自律的人通常能够制订明确的计划，并严格按照计划执行，无论遇到多大的困难和挑战，都能保持坚定的意志和决心。但自律需要变通，比如我要求自己晚上 11 点必须睡觉、早上6点必须起床，这是很好的自律。但总有一些特殊情况让我们无法按照标准去执行，这时候就需要学会灵活调整了。否则，过度的自律就可能让人变得刻板、教条，失去活力。

有的人不追求自律，而是追求自在。

自在不是漫无目的的自由，而是内心的一种安然自洽的状态。自在的人能够随遇而安，不被外界的纷乱所困扰，不被外界的声音所左右，保持内心的宁静和淡泊。他们懂得享受生活、珍惜当下，能够在忙碌和压力中找到平衡，守住内心的宁静。

自在的人懂得接纳各种负面情绪，尽可能降低情绪带来的影响。很多人在心情不好、特别烦躁的时候会和身边的人吵架，用这种方式来发泄和释放自己的情绪。自在的人也可能会和别人吵架，但同时他们也会多一份自我觉察，通过理性的思考，及时让自己从情绪的漩涡中挣脱出来。自在的人也有脾气，但不会深陷脾气之中无法自拔。

不管是自律，还是自在，最重要的是不要过度。自律过度了就会陷入我执，会让人压抑，降低生命的活力；而自在过度了就成了自由散漫，会让人没有了规矩，过度放纵自己。我们的修行就是要在自律和自在之间实现某种调和，进入一种自然的状态。

所谓自然的状态，就像孔子所说的“从心所欲不逾矩”，也即我是自由的，但我的自由不是像大闹天宫的孙悟空那样随心所欲，而是在遵守社会规范、尊重他人的前提下，追求个人的自由发展。处于这种状态的人，其内在是和谐的，外在也是和谐的，内外也是合一的。

自律可以让人保持专注和高效，实现个人价值；自在让人享受生活的美好，保持内心的平静和幸福；自然的人顺应规律，知行合一，到达了更高的人生境界。

标准：有为和无为

标准是人为制定出来的，这是一种有为的方式。而自然界的运转更多是无为的方式。无为，简单来说就是存在即合理，让事物按照它本来的样子去发展。当我们习惯了有为，以为自己能把一件事情变得更加有序时，其实也可能在不知不觉中破坏了它的自然属性。

我在公园散步时发现，有些植物被人为修剪得特别漂亮，很精致，同时也有不少树叶落在地面上尚未被打扫，给人的感觉很自然，别有一番韵味。无为强调顺其自然，不去控制；而有为包含了很多人为的标准，强调掌控和干预。它们代表的是不同的生活方式。

我们在教育孩子时，是该有为地帮孩子做好规划，还是无为地让孩子自己去规划？

很多家长觉得，孩子还小，心智不成熟，让他们自主安排自己的生活和学习容易出错，会走弯路，所以更喜欢替孩子做规划，孩子只要听话，去执行就好。孩子年龄小的时候顺从性强，这样做确实省心高效。但习惯了被安排的孩子，一旦不被安排时就会不知所措，没有了目标。现在很多学生都是这样的状况，被父母和老师安排得太满，反而不知道如何独立学习、独立生活。

我见过很多大学生，他们从小的学习都是被安排好、被标准化了的，进入大学后因为缺乏自主学习的意识，适应不了大学的自主模式。他们有的感到很迷茫，有的就彻底躺平，日日夜夜沉迷于游戏。

而自主性高的孩子进入大学，更容易找到自己的学习目标和未来方向，这是无为和有为平衡了的结果。

无为不是完全地放任和不作为，而是给予适度的自由，懂得静待花开。在等待的过程中，给予方向指引，这个方向是顺应人性、顺应自然的。

小时候，母亲对我的教育比较无为，她会允许我去做自己想做的事情。我写完作业后玩什么由我决定，读什么高中、上什么大学由我决定，大学毕业后做什么工作也是由我决定。除了在品格上对我有所要求，其他方面她都顺其自然，相信我有能力规划好自己的人生。

我很庆幸自己有这样一位有爱又有智慧的母亲。她既尊重我的自主性，给我营造一个宽松自由的家庭环境，让我可以听从自己的声音，按照自己的意愿去学习、去生活、去工作，又在原则性的事情上给我方向和指引，培养我各种良好的品格，让我始终走在一个正确的人生道路上。

家长在养育孩子的过程中，也需要把控好有为和无为的度，学会抓大放小。在大的、方向性的问题和关键节点上，可以做一些积极的引导，有所为；在非原则性的问题或细节上，给孩子自由成长的空间，有所不为。

这样的孩子，未来的发展空间更大。

放下完美主义：追求大美

追求完美是好事还是坏事呢？

我以前觉得这是 100% 的好事，但现在不这样认为了。

记得几年前为了买一张凳子，我选了三个小时都没有搞定。那个过程让我觉得特别没有价值感，后来干脆就放弃了。现在的我尽量减少选择，或者交给别人去处理，把专业的事情交给专业的人来做。

追求完美本身并没有问题，对于产品经理来说，没有追求完美的心态，很难做出优秀的产品。而在生活中追求完美，一旦过度了就成了“完美主义”。完美成了“主义”，那就成了一种执念。

完美主义的人容易在细节中内耗。我年轻时做 PPT 经常为了一个 LOGO 该放在左上角还是右上角，或者一张图片该放大点还是缩小点而纠结很久。追求完美的人经常因为过度关注细节而错过更重要的东西。所以，我们要学会从整体上去抓关键问题。

完美主义的人不放心别人，凡事不肯授权，喜欢亲力亲为。在管理团队时，如果追求完美，就会大大增加自己的时间成本，与其搞得自己心力交瘁，不如授权给信任的人，学会抓大放小。

完美主义的人不容易出发。因为想太多，怕出错，总想着完全想明白了、所有的细节考虑到位了再去做。结果，因为追求所谓的完美，不是错过了最好的时机，就是顾虑太多而不敢出手。所以不要太追求完美，不要患得患失，先行动，再完善。

完美主义的人容易缺少包容性，喜欢拿自己的期待去要求，甚至控制别人。其实世界上并没有真正的完美，只是标准不同罢了。

我在商店里会看到很多我觉得很难看的衣服，但是不管什么样的衣服都会有人喜欢，愿意花钱去买。这说明我以为的难看未必就是真的难看。这并不是完美的问题，而是我的标准的问题。每个人的生活都是不一样的，如果一味地拿自己的标准去衡量他人，就会产生傲慢和偏见。

要想让我们的人生过得轻松一点，快乐一点，最好不要追求完美，而是追求大美。

大美是一种更完整、更多元、更宏大、更包容地看待万事万物的审美态度。

新疆维吾尔自治区是中国陆地面积最大的省级行政区，约占中国国土总面积的六分之一。在这个幅员辽阔的地方，有沙漠、戈壁、高原、山脉。当一个地方足够广阔的时候，它承载的东西就会更加丰富。同样，当一个人可以包容很多事物的存在时，他的人生就有了丰富性和多样性，这是一种大美。

心理学家卡尔·荣格也曾说过：“与其当个完美的人，我更想当个完整的人。”所谓完整，就是尽可能地去体验各种各样的生活，去品味酸甜苦辣咸的百味人生，去感受生命的各种可能性。这在某种意义上也是一种大美。

完美主义的人把人生过成了比赛，认为只有拿第一才是最好的，才是圆满的。而追求大美的人则把人生当成了旅途，看到的每一处风景，遇见的每一个人，体验到的每一种感受，都是生命的馈赠。我们的心更包容，更接纳了，人生也会更多姿多彩。

放下完美主义：别想太多，去做

当一个人过于追求完美时，对生活的满意度和幸福度可能就会降低。

完美主义的人容易陷入两种境地：一是对自己期望太高，总觉得应该做得更好，从而陷入到自我苛责的内耗中；二是对别人的要求太高，对别人实际做到的不满意，过于挑剔。这样的人不管是做事情，还是与人交往，都不容易开心。

怎样才能让自己放下完美主义的包袱呢？

美国著名心理治疗专家威廉·克瑙斯在《终结拖延症》一书中说道：“把背包扔过墙。”这是一种不求完美、不拖延的思维模式。如果你想翻过面前的一堵高墙，但又觉得很困难，还没准备好，没信心，那怎么办？威廉提出的方法很简单：果断把你的背包先扔过墙，这样你就得逼着自己去想办法翻过这堵高墙。此时，你也就放下了对完美的执念。

我在延安开过一次青少年品格研学营，主旨是让自己的内心与延安这个地方有所联结。开营时，一位老师的朗诵非常感人，但由于音乐慢了几拍，话筒也出现了杂音，呈现的作品并不完美。直播时，大家反馈声音不够流畅，中间有一段甚至没有声音。另外，为了给大家开直播，我们专门请了直播的老师，但调试设备花了近半个小时，期间可谓各种状况不断。

在这次研学营的开展过程中，我们就是在不完美中前行，活动中有很多做得不足的地方，但不管遇到什么问题，我们都坦然面对。我们把背包先扔过了墙，选择在做的过程中去直面问题，在解决问题的过程中完善自己。

凡事不要太满，盈则亏。人生没有绝对的完美，如果我们因为担心不完美就选择不出发，那一定会有遗憾。

接纳不完美不是让我们“摆烂”，更不是让我们“躺平”，而是让我们别想太多，先做起来，在做的过程中不断成长。《礼记·大学》中写道：“苟日新，日日新，又日新。”每天精进一点，每天革新一点，每天超越一点。这样的不完美也很美。

面对问题：培养独立意识

人生是不断发现问题、解决问题的过程。

当一个人独自面对生活中的种种挑战时，独立意识便开始在心中萌生。大多数企业家都具有极强的独立性，因为他们必须承担经营企业的重责，要面对巨大的风险、压力和挑战。这些经历促使企业家们不断突破自我、持续成长。因此，那些勇于承担责任的人虽然承受了更大的压力和更多的煎熬，但他们的成长速度也更快。

有一种痛苦源于失去，有些人会在失去中学会独立。孔子三岁的时候失去了父亲，十七岁时又失去了母亲，这样的人生境遇迫使他独立前行。如果我习惯了依靠拐杖行走，但有一天拐杖坏了，我将不得不依靠自己的力量前行。所以，人的独立性往往是在不断失去依赖的过程中逐渐培养起来的。

当然，从磨难到独立，还有很重要的一环，那就是直面问题。

如果问题来了，我们不认真对待，或者像鸵鸟那样把自己的头埋进沙子里，假装问题不存在，自己骗自己，那么磨难就只是磨难，甚至是灾难，无法让我们获得成长。只有直面问题，全身心地投入问题之中，在解决它的过程中不断提升自己的思考力、认知力和创造力，我们才会变得更成熟、更独立。

独立是一个人不断成长、走向成熟的结果。独立不是孤立，独立的人并不是不合群、自以为是、只活在自己的世界里的。独立的人内在有力量，懂得与人合作，善于发现问题和解决问题。独立的人珍惜自己的独特性，也尊重他人的独特性。

希望每个人都能意识到自己的独一无二，相信自己有面对挑战的勇气，有穿越苦痛的信心，有直面问题的能力，从而勇敢地活出自我，实现自己的人生价值。

面对问题：我是一切问题的根源

生活中，我们常常会遇到两类人：一类是善于掌控问题的人，另一类则是被问题掌控的人。

怎样才能成为一个善于掌控问题的人呢？

核心在于理解一个道理："我是一切问题的根源。"这句话真正的意义不是让我们自我否定、自责或陷入内耗，而是鼓励我们在接纳自我的同时，不断追求自我完善。这也正是儒家所倡导的“行有不得，反求诸己”。

“我是一切问题的根源”包含了两种思维层面：

第一种是反省思维。

遇到问题时不把责任推卸给别人，而是思考“我能做些什么？”“我应该承担哪些责任？”比如，我走在路上摔了一跤，如果我责怪路不好，问题不仅不会解决，还会徒增抱怨。但如果我从自己身上找原因，想想是不是因为自己看手机走神，没有注意看路面。这样一思考，我们反而会释然一些。

当一个人习惯于把问题向外归因，将责任抛给别人时，就会有很多的指责和抱怨，结果不仅自己不开心，还可能会和别人发生矛盾冲突，错失很多的缘分。怨天者无志，怨人者心穷。

当我们凡事能从自己身上找原因时，便能进入第二种思维——创造思维。

“我是一切问题的根源”意味着我相信“我的一切都可以通过我的努力来创造”。这种思维将生发出更多的灵感、创意和智慧。当我们的心态发生变化时，周围的一切也会给我们带来更多的惊喜。

当外在环境不如意时，我们要多想想如何去创造。我的好朋友王忆老师，因为出生时缺氧而脑瘫，身体的限制使她在学习、生活上遭受了不少磨难。但她没有屈服于命运，而是找到自己的天赋所在，投身于写作，用文字表达自我，最终成为一名才华横溢的诗人。生活中有些事我们改变不了，那就接受不能改变的，同时在自己能改变的地方发挥自己的创造力。这样，我们才能真正对自己的人生负责并掌握主动权。

我是一切问题的根源，不是自我否定，而是自我审视；不是内耗，而是去创造；不是执着于现象，而是去发掘本质。曾子一直秉持内省慎独，每天都要叩问自己，正己修心，后世尊其为“宗圣”。曾国藩则长期写日记反思自己的一言一行，不断改掉自己的毛病，最终成了“天下第一完人”。这些思维和精神值得我们学习。

凡事从自己身上找原因，是一个人变强大的开始，也是我的人生信条。

当我们的心改变时，我们的态度就会跟着改变；当我们的态度改变时，我们的习惯就会跟着改变；当我们的习惯改变时，我们的性格就会跟着改变；当我们的性格改变时，我们的人生才会跟着改变。所以，也可以说一切唯心造。

选择心态：接纳自己，接纳他人

面对人生中的一个个选择，保持什么样的心态很重要。

比如，在感情中，我们都希望选择一个对的人。有的人希望自己的先生既能赚钱，又能顾家；有的人希望自己的太太上得厅堂，下得厨房。如果对方如我们所愿那还好，如果在一起后发现对方不符合我们的预期，我们就可能想去改变对方，把对方变成我们期望的那样。

亲密关系中，每个人都想做自己，都希望按照自己习惯的方式去生活，没有人喜欢被改变。所以，当一方想要改变另一方时，矛盾和冲突几乎难以避免。

期望别人改变，表面上看是对别人的不认可，但实际上也可能是对自己的不认可。

我们常常喜欢用向外求的方式满足自己的需求。比如前面提到的，如果先生既能赚钱又很顾家，这样女人在闺蜜面前就更自信；如果太太上得厅堂，下得厨房，这样男人在朋友面前就会觉得很有面子。当我们需要借助别人来满足自己的某种需要时，说明我们在这些方面本身就是匮乏的。我们不敢面对这样的自己，于是就把责任都推到别人身上，别人不能满足自己所期待的，那就是别人的问题。实际上，这依然是我们自己的问题。

其实有问题也没有什么大不了的，不是所有的问题我们都需要解决，也不是所有的问题我们都能解决。面对这些不需要解决和不能解决的问题，我们顺其自然就好。先去接纳，接纳自己，也接纳他人。

面对人生种种选择的结果，尤其是那些不如意又无法改变的结果，我们更需要接纳。接纳会让我们的心安定下来，也许新的智慧会随之生发出来：这件事还有没有好的一面？还有没有新的转机？这就是转念。

《道德经》第五十八章中说道：“祸兮，福之所倚；福兮，祸之所伏。”这是告诉我们，好事的背后可能隐藏着坏的事情，坏事的背后也会隐藏好的事情。就好比我们喜欢一个人，但是因为种种原因最后没有在一起，这看似是一件坏事，但坏事的背后也可能蕴藏着积极的一面。也许两个人确实不合适，即便结婚了也很难获得幸福。所以，分手也是给两个人机会，一个让彼此都能找到各自幸福的机会。

接纳一切的发生，并学会转念，在坏事背后寻找正面的意义，这样我们就能坦然地面对生活的风风雨雨。

人生是由一个个选择组成的，所有的选择都有正反两面，得到后可能将面临失去，失去后又可能慢慢会得到，就像天上的月亮，月盈则亏，月缺则盈。但无论做何选择，只要我们勇敢地担负起自身的责任，就能从中获得成长。

选择圈层：和谁在一起，真的很重要

当一个人选择做什么或者学什么的时候，就是选择了对应的圈层。

我读研究生期间正在创业，当时就比较关注企业管理方面的培训。我知道我未来不光要教学，还要参与到管理中去，所以就关注了两个圈层：一个是教学，一个是管理。

圈层意味着什么呢？

罗伯特·欧文说：“人是环境的产物，不同的圈层意味着我们会受到不同的熏陶和影响。”

比如在家长圈，有些家长一看到孩子的分数就焦虑，这究竟是分数本身的问题，还是因为和其他家长攀比分数和排名的高低所引起的呢？如果你所在的圈层喜欢比较，你也很难不受到影响。我们要尽量选择正能量的圈层，这样才能被滋养，而不是被消耗或者被误导。

圈层的选择很重要，我们选择进入一个圈层，就相当于进入了一个全新的环境。打开手机，我们能看到各种各样的直播间，大家会根据自己的需求和偏好进行选择。本质上，一个直播间就是一个小小的圈层，因为里面有大家共同想要的东西。

一个人的穿衣打扮、言行举止就是个人名片，会吸引类似频道的人来组成属于自己的圈层。有时候人与人之间，简单交流几句，就知道能不能做朋友了。

我是一个不喜欢斤斤计较的人，所以在我的圈层中我就不太喜欢靠近斤斤计较的人。我也是一个不喜欢讲排场、不爱慕虚荣的人，所以我比较喜欢和实实在在的人相处。这样一次又一次的选择不知不觉地形成了有相似特质的朋友圈。我一直认为一个人的朋友不需要太多，过多的社交必然会占据自己的时间和精力。君子之交淡如水，朋友之间能志同道合最好，以道相交才能天荒地老。

经常和谁在一起，真的很重要。你会潜移默化地影响他人，他人也会不知不觉地影响你。对家长来说，我们也要培养孩子从小就学会选择适合自己的朋友圈，选择有利于自己学习和成长的圈层。

当然，**任何时候都不要带着功利心进入某个圈层，功利心只会吸引功利心。你带着爱与善良，才会吸引有爱和善良的人来到你身边。**

保持自己的节奏：从容而淡定

“不要在匆忙和慌乱中丢失自己的节奏。”

这句话说起来容易做起来难。一个人在慌乱时，很多东西都会变得不自然，比如我们的表情、语言、行为等。有不少人喜欢王阳明的心学，就是因为其核心理念是在复杂、混乱的境遇中也能保持内心镇定。这种遇事从容淡定、保持自己节奏的状态，是我们都想拥有的。

要做到这点，首先要学会给自己留足够的时间。

我经常跟学生说，上课最好提前五分钟坐在教室，让心提前做好准备，这样更容易安静下来听课，心会更加从容自在一些。我不喜欢迟到，但是喜欢“卡点”，这其实不好，还需要改进。

为什么做事喜欢卡点？为什么不从容一点？从积极的角度说，首先，这是对时间的珍惜，我恨不得把所有的时间都利用起来去做有意义的事情。其次，“卡点”也是有时间观念的表现，既没有迟到，也没有早到。

不过，“卡点”做事也存在问题。我喜欢“卡点”做事是因为我希望时间是精确的，这样就不会浪费时间，但这其实是在算小账。算小账只能看到当下的因果，算大账才能看到未来的因果。当我们不“卡点”做事时，才会留有从容的时间。这个时间不仅可以帮助我们预防意外，应对突发状况，还有助于我们深度思考，激发创造性思维。

当然，一个人能保持自己的节奏，常常源于内心坚定的信念。

孔子和弟子们周游列国，从陈国行走到蔡国的途中被困在前不着村、后不着店的地方。当时他们所带的粮食都已吃完，与外面也无法联系。他们只能靠吃野菜来维持生存，几乎性命不保。但孔子并没有因此而乱了方寸，反而更加精神抖擞地讲学，绝粮七日，弦歌不辍。

当一个人有坚定的信念，有维护自己信念的勇气时，不管是做事还是与人相处，都能保持自己的节奏。这个节奏又会帮助他不断地突破困境，在曲折中坚定不移地前行，让自己的目标不偏移，获得持续的成长或成功。

学圣贤，自省吾身，善修其身，在忙乱中也不失节奏，从容而淡定。但愿大家在任何时候都能内心笃定，从容不迫。

尊重他人的节奏：有分寸，不越界

有一位家长很着急地问我，自己的孩子没有梦想怎么办？孩子身边的同学都有自己的梦想。

我对他说：“每个人的节奏不一样，无需比较。我也是在三十多岁时才有了梦想。”齐白石在青少年时是个雕花木匠，在此期间，偶然接触到《芥子园画谱》才对绘画产生兴趣，进而激发了他成为画家的梦想。当然也有一些人在小时候就有了梦想。

就像每种花的花期各不相同，每个人的节奏也不一样，如果我们把自己的注意力放在别人的身上，羡慕别人的成功，就容易被别人的节奏带跑，迷失自己。就好比在马拉松比赛中，有的人在开头发力，有的人在中程发力，有的人在结尾发力。如果他们在跑步时一直跟别人比较，就容易失去自己的节奏，反而跑不出好成绩。所以，要想做好自己，就不要陷入比较的陷阱中。

家长们要想让孩子更好地成长，也要尊重孩子自己的节奏，这一点特别重要。

很多家长爱子心切，很容易不自觉地想要控制孩子的节奏。曾有学生给我发信息说，家人对他有很高的期待。因为父亲事业很成功，所以家人希望他活成父亲的样子，这就是典型的“父母在破坏孩子的节奏”。每个人都是独一无二的，每个人的天赋都不一样，每个人的兴趣也各不相同，每个人都有不同的想法和梦想，家长如果忽略孩子的意愿，即便初心是为孩子好，也可能会带来破坏性的后果。

其实，孩子有孩子的人生，家长有家长的人生。我们要成为孩子成长节奏的支持者，而不是成为他成长节奏的控制者。

一个有全局观的人懂得配合主导者的节奏。

我曾遇到一位导游杨老师，他特别有整体意识。我们去参观常家庄园时，他积极配合我们团队的节奏。我们因为讲课的需要随时都会停下来，杨老师就静静地在旁边等待，不催促。当两个人，或者一个团队在一起时，一定会有一个主导者，团队里的成员所有的工作安排都要配合好主导者的节奏。

当一个人懂得配合他人的节奏时，他本身就具备全局思维，能够从整个团队的角度看问题，顾及他人。没有全局观的人有时看不到他人的需求，容易陷入自我局限，希望其他人都按照自己的节奏来，这样不光会让彼此之间的关系紧张，更重要的是会破坏团队目标的实现进程。

总之，不管是家人之间，还是同事、朋友之间，我们都要尊重他人的节奏，掌握好分寸，不越界。

知晓因果：感受当下的美好

有的人本身过得不错，工作不错，家庭也不错，但就是觉得生活太平淡了，不是自己想要的。他们总是想：我到底要做点什么才能让自己的人生足够精彩，足够轰轰烈烈？

这让我想起《金刚经》里的一段话：“一切有为法，如梦幻泡影，如露亦如电，应作如是观。”意思是说，一切有为的方法都是容易消失的，来得快，去得也快。我们应该去观察事物的本质，如果看不到事物的本质，只是陷入到表象中，就会像无头的苍蝇一样乱撞。

生活的本质是什么的呢？万法皆空，唯因果不空。

因果的规律是不变的，“道”是不变的。所以我们对一些方法、策略和目标不要过度执着，因为它并不是生活中恒久的东西。生活中恒久的，只有因果。当我们对结果不满意时，应该思考一下在什么“因”上出了问题。

比如，当孩子不想去学校读书时，我们不要因这件事情焦虑，而是要去思考原因，从源头上解决问题。有的孩子进入初高中后感觉学习压力很大，因而出现一些心理疾病，甚至休学或辍学。其中大多是因为他们在小学阶段被父母要求过度投入学业，缺少了“空”的时间，缺少了和自然在一起的时间，缺少了开心游戏的时间。所以，很多时候不能只看结果，而要去找到本质，找到源头。

有一个朋友问我：“什么是你理想的生活？”我想了想说：“现在，就是我理想的生活。”因为在我看来，如果我想要一个绝对理想的生活，那我一定会有特别高的期待，从而对当下的生活有所不满。但我们期待的生活一定是美好的吗？可能到了六十岁，我们会拥有很多现在没有的东西，但那时我们早已失去了美好的青春。

与其期待未来，不如活在当下，感受当下生活的美好。我们可以有梦想，但我们要知道梦想只是方向，是用来追逐的。只追逐梦想而忽视当下的生活，或者因为梦想还未达成而否定当下的生活，这是舍本逐末。**当下的每一分、每一秒都是我们人生的因。只要全身心地投入当下，感受当下的每一种美好，合起来，我们就会拥有富足多彩的一生，这是在收获人生的果。**

所以，不辜负每一个当下，就是不辜负自己的人生。

大道至简：越简单越快乐

大道至简，不管是工作、生活还是学习，都应该简单一些。正如王阳明所说：“吾辈用功，只求日减，不求日增。减得一分人欲，便是复得一分天理，何等轻快脱洒，何等简易！”

那么，怎样才能做到简单呢？

首先，我们得想得简单。一个人想得复杂了，看这个世界就会复杂。人一复杂，快乐就会变少。

小孩子为什么总是那么快乐？因为他们简单，没有那么多的分别心。随着年龄的增加，我们的分别心越来越多，并生出很多的判断。比如在单位被领导批评了，在学校被老师批评了，这些事你越想就会越烦恼，越琢磨就会越痛苦。但我们反过来看，在单位，领导批评员工不是很正常吗？在学校，老师批评学生不是很正常吗？如果我们把它想得简单一点，看轻一点，就会更有平常心一些，不容易钻牛角尖。

其次，我们要做减法。

做减法才能把能量和精力聚焦在更重要的事情上。一个人的时间和精力是有限的，如果我们不论轻重缓急，在所有事情上都精雕细琢，最后在真正重要的事情上反而就没有足够的心力了。

就拿读大学来说，有的大学生认为各个学科都应该学好。但实际上，没有人能做到门门精、样样通。每个人的特长都有所不同，并不是所有的学科都擅长。有的人会在文学上花时间，有的人会在数学上花时间，有的人会在美术上花时间。其实，真正好的学习模式是，在打好基础的情况下，深入地专攻一门。只有舍弃对你不重要的，才能把握住真正对你重要的。

人生是一个不断取舍的过程。在这个过程中我们会积攒很多东西，但并不是所有的东西对自己都是有用的。当你拥有得太多时，有些所谓的拥有就会变成自己的负担和累赘。在这个过程中学会做减法和取舍，是一种更通透的人生活法。选择做自己擅长的、喜欢的、正确的事，然后再去深入地把它做好，做到极致，这样才能拥有高质量的人生。

凡事想得简单一点，必要的时候给生活做些减法，回归简单，才能拥抱幸福，活出真正的自我。

认知成长心法

人生并不是只有实现了梦想才是有意义的，如果我们能珍惜每一个当下，感受其中一个个琐碎或微小的乐趣，人生就没有虚度。

人生成果＝思维方式 × 热情 × 能力。

用温柔的心拥抱和接纳自己人性上的弱点，它们就会变成礼物和恩典。

当你怎么用力都推不开一扇门时，不妨试着拉一下。有些问题，如果正着来解决不了，就试着反过来看，或许能找到出路。

不管是自律，还是自在，最重要的是不要过度。自律过度了就会陷入我执，会让人压抑，降低生命的活力；而自在过度了就成了自由散漫，会让人没有了规矩，过度放纵自己。

要想让我们的人生过得轻松一点，快乐一点，最好不要追求完美，而是追求大美。

任何时候都不要带着功利心进入某个圈层，功利心只会吸引功利心。你带着爱与善良，才会吸引有爱和善良的人来到你身边。

当下的每一分、每一秒都是我们人生的因。只要全身心地投入当下，感受当下的每一种美好，合起来，我们就会拥有富足多彩的一生，这是在收获人生的果。

凡事想得简单一点，必要的时候给生活做些减法，回归简单，才能拥抱幸福，活出真正的自我。

叁 / 关系之心

人活在众多关系之中，我们每时每刻都生活在人与人的联结、人与人的关系中。

生活中的很多障碍，源于关系的受损。比如孩子不听话，也许不是因为家长说得不对，而是因为亲子关系恶劣；学生不想上学，也许不是因为学习成绩不好，而是因为与同学有矛盾，或不喜欢某位老师。再比如，有些人事业不顺利，可能不是因为能力不行，而是因为没有处理好与同事的关系，相互嫉妒和拆台。回首在直播间遇到的各类案例，我感受最深的是，绝大多数的问题其实都是人与人的关系的问题。

有了良好关系的加持，人才能成事。我曾看过一部短剧：有一个孩子，因为妈妈去世，平时无人照顾，他的老师就很关照他。孩子没饭吃时，老师就给他做饭；班里同学嘲笑这个孩子送给老师半瓶香水作为小礼物的时候，老师就当着全班同学的面喷这个香水，还说自己非常喜欢，而这半瓶香水其实是孩子妈妈去世之前留下来的。老师对孩子的关心与尊重打开了孩子的心门，让孩子觉得世间有光、前行有力量，这个学生努力学习，最后考上了好大学，读了博士。可见，好的关系不仅会滋养人，还能成就人。

关系很重要，但处理好纷繁复杂的关系不是一件容易的事情。本章主要探讨关系中经常困扰我们的一些问题，比如：

总想改变伴侣，但对方很抵触，怎么办？

教育孩子时自己性子急，爱发脾气，如何经营好亲子关系？

知人知面不知心，怎样才能找到同频的人？

面对别人提的不合理要求不懂得拒绝，该如何调整自己？

怎样扩大自己的朋友圈，联结更多有能量的人？

…………

以上种种，涵盖了我与自己的关系、我与他人的关系、我与集体的关系，并表现在自我关系、亲子关系、亲密关系、伙伴关系等多个维度。

从表面上看，很多问题是别人引起的，但深究之后才发现，“我”是一切问题的根源。比如，总是对别人的评价做负面解读，是因为自己太敏感；总是吸引到不好的人，是因为自己身上的负能量太多；总是和别人闹矛盾，发生冲突，是因为太在乎自己的得失，站在自己的角度思考问题而少了一些同理心；等等。

大家可以通过对本章节的阅读，逐步学习如何守好自己的本心，让自己更好地融入各种关系中，按照本色做人，按照角色做事，最终如水一般融入一切之中，但也不会因此而失去自我。

我与我的关系：与内在欲望和解

每个人既是独立的个体，又是关系中的个体。人来到这个世界上，总会处在各种各样的关系中，比如家庭关系、朋友关系、同事关系等。想要处理好这些关系，要先处理好自己跟自己的关系，也即我与我的关系。

在成长过程中，很多人会陷入对理想自我不切实际的追求中，渴望像影视剧中的大女主或者男神一般，身上散发着完美的光芒。而他们在现实中一旦受挫，又会自我怀疑、自我否定，不断贬低自身价值，觉得自己很糟糕，感叹人生不再美好。

一念天堂，一念地狱。修行最重要的就是修好我们的心，修好我们内心的种种念头、种种欲望。

修好内心的关键是降低自己的欲望。就好比挣钱，我们赚了十万，就想要赚一百万；赚了一百万，又想要赚一千万；赚了一千万，又想要赚一个亿……那么，赚多少才是尽头呢？所以，人不能被过度的欲望裹挟，而是要知足常乐，“人生待足何时足”，知足便是足。

一个人内在的真正满足不应该是欲望的无限累积，而应该是对当下一件件事情的投入程度。

写作也好，艺术创作也好，技术研发也好，当你投入自身热爱且擅长的事情中时，就会有轻松自在的感觉，这种感觉就是“空”，用当下流行的说法表达就是达到了“心流状态”。“空”并非什么都没有，而是一种空明纯净的状态。《心经》中认为，这种“空”的状态能生出无限的可能。

积极心理学指出，当一个人全身心地投入一件事情当中时，就会进入“心流状态”。处在“心流状态”中的人，会忘记自我的存在，忘记时间的存在，完全沉浸在当下所做的事情当中，并体验到高度的充实感和满足感。

当我们修好自己的心，与内在的欲望和解，投入地活在当下时，更容易感到快乐和幸福。这时，我们的内在是充满能量的。

我有能量了，我变好了，我生活的方方面面才会更顺利。对孩子的教育、与伴侣的相处、与他人的关系，都可能会发生很大的变化。所以，我们要修自己，回归自己，提升自己的境界，只有我与我的关系变好了，我与他人、与世界的关系才会变得和谐起来。

我与他人的关系：

因为懂得，所以慈悲

除了要处理好和自己的关系，我们还需要学会处理与他人的关系。

关于人和人之间的关系，《论语》里讲得比较多——仁义礼智信。

“仁”是仁者爱人，有仁慈心；

“义”是“己欲立而立人，己欲达而达人”；

“礼”是有规矩，对他人有礼，学会换位思考，对万事万物心存敬畏，所作所为合乎道；

“信”是有诚信，带着一份敬畏之心。

在人际关系中，不管是仁、义、礼，还是信，我们都需要有智慧地应用，才能与人保持良好的情感联结。具体怎么做呢？

首先，遇事懂得换位思考。

比如你回家晚了，爱人冲你发火，你本能地反驳，家庭矛盾就这样产生了。这个时候，我们应该换位思考一下：对方在这种情况下为什么会生气？是不是在担心我们的安全？是不是希望我们能更关心家庭生活？

有一句话叫“因为懂得，所以慈悲”。当你可以读懂对方内心真实的想法和感受，自然而然地就会站在对方的立场思考问题。这时，很多问题就迎刃而解了。

除此之外，我们要把人、事、物朝更积极的方面思考，世事本无绝对的善恶，更多时候取决于我们的立场。

人性复杂，本就不是非黑即白的存在。

心理学上有一个皮格马利翁效应，指的是如果我们对一个人抱有某种期望，那么对方就会努力向我们期待的样子靠近，以不辜负这种期望。比如，你对一位同事说：“我发现你是一个热心肠的人，特别喜欢帮助别人。”当你经常这样说时，对方就可能会越来越热心，越来越乐于助人。

我们越关注什么，就越容易得到什么。我们越是关注别人身上美好的一面，就越容易得到对方积极的反馈。

所以与人相处的过程中多看优点，多传递善意，多拥抱温暖。只要不涉及原则性问题，对方没有触碰你的底线，就没有必要斤斤计较。往杯子里滴墨会污染整杯水，但把墨倒进大海却能瞬间消融。当拥有真正的包容时，你的内心将会变成宽广的海洋。

我们与人相处时，多一分理解，就容易释怀，就会从正面进行解读。比如被老板批评了，我们应该从正面的角度思考：“他指出了我做事过程中存在的问题，从某种意义上来看，这是在帮助我进步。”这种积极的思维方式不仅会增强我们的心理韧性，还能提高我们的幸福指数。

如果你看到一个人不管和谁在一起都能相处得很融洽，这不是因为他有“锦鲤”体质，总能遇见好的人、对的人，而是因为

他有智慧，境界高，总能激发周围的人身上积极的一面，让别人变得更好。

生命中最珍贵的往往就是那些微不足道的善念和善行，希望大家从生活中的点点滴滴开始，面对人际关系时，多释放温暖和善意。保持正面积极的心态，这样的生命磁场自会吸引更多温暖的、同频的灵魂。

我与孩子的关系：先处理心情，再处理事情

有的人，处理各种复杂的人际关系得心应手，唯独面对孩子的时候就乱了方寸，本应和和美美的亲子关系，却经常鸡飞狗跳，冲突不断。

经营好亲子关系有秘诀吗？

有一个秘诀是：先处理心情，再处理事情，不带着情绪去处理问题。

有位妈妈曾和我分享过这样的经历：一次送上小学的孩子上学时，孩子走到校门口后怎么都不肯进去，说不想上学。妈妈问为什么不想上学，孩子什么也不说只是一直哭。虽然马上就要迟到了，但妈妈没有着急，也没有批评孩子不听话，而是抱着孩子说："你要是难受的话可以哭一会儿，妈妈陪着你。"孩子哭了一会儿后情绪有所缓和，才对妈妈说自己忘记写一份作业了，怕老师批评自己。于是妈妈就和孩子一起商量处理问题的方法。一方面，妈妈鼓励孩子去面对问题，让他尝试主动跟老师说自己忘记做作业了，想像一下老师会怎么回复他？如果老师批评他，自己是不是可以承受？老师有没有可能不批评他，反而会夸他是个有担当的小学生呢？同时告诉孩子，无论怎样，妈妈都会在心里陪着他。另一方面，妈妈告诉孩子，如果他暂时还是不愿意去学校，妈妈会继续陪他，直到他准备好了去面对。孩子最终选择回学校。孩子遇到问题的时候就是他们的成长契机，在这些时刻，父母的情绪稳定、陪伴、引导和支持，对于成长中的孩子来说，太重要了。

在这个案例中，妈妈面对孩子的异常举动，没有执着于"让孩子赶紧上学去"这个结果，而是先处理孩子的心情，允许孩子先通过哭一会儿的方式释放情绪，缓解一下内心的焦虑和压力。

因为人处在激烈的抵触情绪中时，不管别人说什么都是无法理解和接受的，所以要先化解情绪的问题。情绪平复了，孩子才有能力去思考如何处理问题。

《礼记·大学》中说：“物有本末，事有终始，知所先后，则近道矣。”简单来说就是，我们做事如果能摆正先后次序，就接近于道了。父母养育孩子的时候也是如此，关系第一，事情第二，这是一个很重要的次序。先处理孩子的心情，本质上就是先处理家长和孩子的关系。如果我们能对孩子多一点耐心，多一点关爱，让孩子意识到父母很在意自己的感受，孩子就会对父母多一些信任。孩子信任父母了，才会敞开自己，在父母的陪伴下面对问题和解决问题。有过这样的经历，孩子才会逐渐形成独立面对问题和解决问题的能力。

与孩子相处就像牵着一只蜗牛在散步，蜗牛敏感、缓慢，有自己的特性和节奏，所以家长和孩子在一起时不能太着急，不要只关注事情而忽略了孩子的情绪，要学会跟着蜗牛的节奏一步一步往前走。

不介入别人的因果：尊重他人的命运

生活中，我也是那个喜欢介入他人因果的人，因为我喜欢做好人，总想着去帮助别人，说得好听些这叫乐善好施，但这真的有我们想得那么好吗？

儒家思想中强调“中庸”，凡事不要走极端，过度地走极端便是恶的开始。帮助别人是如此，比如给别人提建议时也不能过度越界。每个人都有自己的人生，我们可以给一棵树灌溉、施肥，但是我们没有办法帮助一棵树生根。也就是说，每个人的人生会有各种外在的缘分，但自己是自己最重要的那个主缘。不介入别人的因果，不是让大家放下自己的善心，变成活在自我世界里的自私者，而是不要强求用自己的外缘替代他人的主缘。

最喜欢介入他人因果的，也许就是父母了。很多父母太爱自己的孩子，希望孩子都健康、平安、有所成就，所以很容易把自己的挂念强加在孩子的身上。他们放下了自己的很多事情，操心着孩子的吃穿住行，操心着孩子的学习和考试，指导孩子上大学时选择专业方向。这些操心本该换来孩子的飞黄腾达，可我看到的却是很多孩子在家“躺平”，对人生感到迷茫，为何会这样呢？

我想，其中很重要的一个原因是外部干预破坏了孩子自主成长的因果。万物生长有其自身的规律，适时的教养是智慧，过度的介入是干扰！如果父母为孩子安排好了一切，孩子看似在成长的过程中少走了很多弯路，但在不知不觉中，孩子失去了独自面对生活、独自处理生活问题的自主性。孩子会觉得自己是在为父母而活，而不是为自己而活，从而找不到生活的意义。所以，父母的爱一旦过度就可能让人失去理性，继而破坏孩子健康成长的规律！

真正的爱要跳出爱的对象本身以及自我的情绪。有时候我们总想帮助别人，总想拯救别人，不是因为怕别人受伤，而是源于我们内心的脆弱。我们不想，或不敢面对生活的无常，然后就认为别人也是如此，而忽略了对方是否真的需要。所以，帮助他人要有更大的慈悲与智慧，而不是依靠一时的怜悯和施舍。否则，过度的拯救心，还可能会培养出他人的贪恋、懒惰和永不知足的心！

曾经有一个救援队到非洲草原，看到一些孩子衣衫褴褛，很多天没有吃饭了，有个工作人员立即想把车上的食物拿下来分给这些孩子，但被另外一个人制止了。这个人让孩子们帮忙把车上的东西搬下来，给了他们一些食物作为酬劳，等孩子们走后，他又把这些东西搬回了车上。为什么要这样做？大家自己可以去体悟一下，我想你会想明白的！

我在生活中也发现，如果一个人已经习惯了得到，习惯收到来自他人的馈赠，就可能把别人的付出当成理所当然，失去感恩之心。长远来看，我们就不是在帮人，而是在害人了！这个度如何把握，很难！

《道德经》中有这样一句话：“天地不仁，以万物为刍狗；圣人不仁，以百姓为刍狗。”这句话的意思，并非让我们不仁，让我们冷漠，而是让我们要超脱于情感的爱来看待何为爱！大爱既需要悲悯，也需要克制。

见识：既打开自己，又守好边界

一个人成就的大小跟他见识的多少是有关系的。

我曾经问过一个做餐饮生意的朋友：你为什么在餐饮行业如此有创造力？他说自己的父亲由于工作经常出差，自己也跟着去了很多地方，眼界在这个过程中不断拓宽。后来他在做餐饮时，很多灵感不知不觉地就生发出来了。

见识会让我们的自我空间变得不一样。**当我们走出去时，自我空间会慢慢变大，对很多事情的理解也会越来越有整体思维。**

我们要多带孩子出去走走，用更多的体验帮助孩子拓宽眼界。品格教育的核心理念是：人人是老师，事事是案例，处处是学校。“人事处”的教育可以帮助我们拓宽眼界。这就是我们经常说的“听他人的故事，悟自己的人生”。

开放是见识世界的前提。

上海和深圳作为国内的超一线城市，正是因为开放，所以才汇聚了来自全世界的很多资源，造就了如今的繁荣。城市如此，个人更是如此。当一个人打开视野时，他会发现原来世界这么大，人的活法有那么多，就会愿意去体验和尝试，然后不断虚心学习，提升自己，从而取得更高的成就。

开放的同时要有边界。

有时我们不懂拒绝，面对别人提出的一些不合理要求不会说“不”，就会给自己带来一些困扰。在与人相处时，守住自己的边界，学会拒绝，同时给予他人尊重和空间，这也是我们需要修的一门功课。

父母要给孩子独立的房间、私人的空间，让孩子有自己的个人世界，帮助他们建立边界感。当孩子在他的世界里时，我们应该给予一份尊重。哪怕在孩子很小的时候，家长进入他的房间前也要先敲门，经过孩子的允许后才能进入。敲门就是在培养孩子对他人空间的尊重，这样孩子也就学会了在生活中尊重他人的空间和边界。

当一个人既开放又有边界时，资源会向他汇集，并且他能够分辨这些资源是不是可以为他所用，不会轻易被诱惑，也不容易被左右。我们要做一个“内方外圆”的世界公民，不能把视野只集中在身边的某个小团体内，或者只局限在国内，而要扩大到整个世界，甚至整个宇宙。

就像一条小河要想永不干涸，最好的方式就是汇入大海，我们要想让自己的人生变得更丰富多彩，就要在保持自我的前提下，投入更广大的世界中，收获更宽广的胸怀和更多的智慧。

如如不动：管住嘴，守住心

在日常生活中，不管是朋友之间、伴侣之间，还是亲子之间，我们经常会因为急于表达或一时的情绪冲动，而说出一些冒犯别人的话。事后可能我们自己都觉得不解：明明我没有伤害他人的想法，甚至是为了对方好，可为什么还会说出让别人感到受伤的话？

很多人将这个问题归咎于自己的表达能力欠佳。其实，我们如果想快速获得好好说话的本领，线上线下有很多的课程与书籍供我们选择，但真正实践下来会发现，很多方法虽然管用，但维持不了多久。问题的根源是什么呢？

有时妨碍我们的往往不是外在的能力，而是我们内在的心力。当我们过度执着于技巧时，就少了那一份心与心的联结。比如，当我们觉得自己是为对方好时，是真的为对方着想，还是想控制对方、让对方听我的话？还是有其他的连我们自己也不是很清晰的需求？当我们深入地自我觉察时，会发现往往是自己的心先乱了，先有了对他人的欲望和索取，然后才有了表达上的唐突。

有时候，我们只有先看到自己，才能看到别人。只有对自己的内心多一份觉察，不让各种欲望扰乱自己的初心，才能从“我”的执念中挣脱出来，静下心去倾听对方的言语，真切体会他人的感受，这样才能在彼此的交流和沟通中，管住嘴，保持平和的心态。

“良言一句三冬暖，恶语伤人六月寒。”有时，一句话就能决定对方对自己的印象，乃至影响后续的相处。语言的艺术在人际交往中无比重要。而这门艺术，其实是一种修养，同时也反映出我们在人际交往中是否能够真正地觉察他人。**真正地好好说话，不只是简单的换位思考，更是要深入感知他人的需要，在每一次互动中，都给予对方足够的温暖与善意。**

所以，我们要时刻提醒自己：存好心，说好话，做好事。当我们拥有一颗善良、利他的心，设身处地地理解他人的感受，感恩于自己所拥有的，珍惜别人对自己的好，同时学会转念，接触正能量的环境，阅读正能量的书籍，让内心充满阳光时，我们的输出也会自带温暖，也许在无形中就给予了别人滋养。

守心，就是要守住内心的宁静和平和，用心做事，用心感知生活，以清净心看世界，以柔软心除挂碍。当我们能带着一颗出世的心在入世的事中修炼时，也许就能在如如不动中学会更好地表达，并与他人更和谐地相处了。

不讨好他人：活出真正的自我

我是一个挺在乎别人看法的人，他人的一些情绪反馈，无论是写在脸上的，还是表达在语言中的，又或者是评论区的一条负面信息，都会让我的情绪波动。虽然经过修行，我不断地告诉自己，我要守住自己的中心，但是“万花丛中过，片叶不沾身”哪有那么容易？头脑的知道浮于表面，心的挂碍总还是偷摸着溜出来，防不胜防。为此，我也时常苦恼不已！

我有一次问我的老师："为什么我会在意他人的想法，甚至讨好他人呢？"

老师看了看我，说："你看看你这个想法的背后隐藏的是什么？"

是啊，在迎合、取悦他人，丢失了自己的中心的背后，是什么呢？

第一，对他人的迎合、取悦源于自己的不自信。当我们不自信的时候，我们总会觉得自己不如别人，看到权威或者能量更强的人，便不自觉地认为别人是好的，是对的，自己要顺应别人才能确保不犯错。我认为这和我们小时候的成长环境有关系，我们没有见过更大的世面，或者说已然被自己见过的场景教条化了。如果我们相信自己的"本自具足"，相信自己的本心拥有足够的智慧，就能破掉外在"相"的刻板印象，这个问题也许就解决了。

第二，取悦他人往往是因为对他人有所求，求他人的认可。有些人在生意上为了得到一个合同，不得已要讨好他人；有些人在恋爱中失去了自我，乞求他人和自己在一起。这些人都是希望通过他人来满足自己的渴求，一个人越依赖别人就越容易迎合别人。如果我们拥有像太阳一样的能量，只管去发光发热，其他的交给缘分，随缘不攀缘，也许我们便可以回归自我的那份无所求的自在了。

第三，我们的善良也会让我们在意别人的脸色，因为我们太希望让所有人都开心了。别人因为某事不开心时，我们便让自己的内心沉浸在他人的世界中，就像有些父母因为孩子的不开心而忧心不已一样，我们总觉得自己有把他人从痛苦中拯救出来的责任和义务。这样，我们的心就会被他人牵绊，远离自己安宁的世界。

我告诉自己，允许他人不开心，他的不开心是他自己的因果呈现，我要守住我的中心。这一生我想为很多人的快乐负责，但最后发现，我能真正负责的就只有自己，我需要让自己的心全然绽放，其他的不要有所求。过度地帮助他人，希望他人都开心，只是自己的一份贪念，静静地看着一切而又不染著就好！

生活中的我们，有多少人是真正地按照自己的想法而活的呢？不取悦他人，不迎合，不讨好，做到这些真的很难，其实所有的向上成长都是难的，而一旦我们真正做到了，便也活出了真正的自我！

不解释：坦然面对非议

当别人不理解自己时，我们该怎么办呢？

这是很多人都曾遇到过的问题。比如你选择单身，父母会觉得你是不是受了什么刺激，会不会有什么心理问题；你喜欢户外探险，别人会想“这多危险啊，好好活着不好吗？”；你从体制内离开，想从事自己喜欢的事业，朋友会觉得你主动放弃“铁饭碗”，太不明智了。

面对别人的非议，通常我们可能会解释一下，但有时候你会发现，不管自己再怎么解释，有的人还是不理解你，还是对你持有强烈的偏见。这种情况下，我们该如何处理呢？

解释不清，是常态。

有的人认为，这个世界的是非是很清楚的，黑白是很分明的，对就是对，错就是错，我是对的，你和我不同，那么你就是错的。持有这种认知的人，往往喜欢和人争论，比如在社交平台上，我们经常看到一些人为某件事或某种观点而吵得不可开交，就是因为大家都觉得自己是对的，别人是错的。其实，人可能因为经历不同、认知不同、立场不同、看问题的角度不同而对同一件事有不同的看法。

《庄子集释》中有一句很经典的话：“夏虫不可以语于冰者，笃于时也。”意思是有一种虫子只生活在夏天，你要是和它谈论冰，它会觉得莫名其妙，因为它从来没有见过。所以，对和错往往是相对的，你眼中的对，在别人眼中可能就是错的。既然如此，那有些事情你解释不清楚也就再正常不过了。

不解释，是因为有时候对错没那么重要。

不解释不是认输，不是否定自己，而是怀着一颗通透的心，接纳人与人在认知上的差异，接纳对与错可能是一种主观上的“偏见”这个事实。我曾经遇到过一位高人，他告诉我，当一个人达到一定高度的时候，看高山也是平原，所以不会那么计较得失；当一个人进入到一个广阔整体的时候，看黑也是白，看白也是黑，因为在他这里阴阳可以融合并转化。当一个人达到这种境界时，对和错就变得没那么绝对，解释也就变得没那么重要了。

不解释，是为了把时间和精力放在更重要的事情上。

对一个人来说，如果身边每个人评价他一句，他都需要去解释、去争论，那么他还有时间去忙自己重要的事情吗？生活中多少人赢得了争吵，但却丢失了和谐；赢得了官司，却丢掉了青春！如果让纠纷、争吵、负面情绪等充斥着我们的生活，搞得我们心烦意乱，那我们也无法全然投入我们热爱的和真正值得我们珍惜的事情当中，这就因小失大了！

有一个问题让我印象深刻：有一条疯狗在路上朝着你狠命咆哮，我们是以同样的方式回应过去，还是忽视它的存在，守住自己的中心，去做自己更重要的事情呢？

真正有智慧的人，可以站在更高的角度，拥有更长远的目光，清楚什么才是自己生命中最宝贵的东西。面对非议，不听、不闻、不看，回归清净。最终，清者自清，乐者自乐，明者自明。时间会让很多问题水落石出。

吾心即宇宙：吸引力法则

我曾经看过一篇文章，说宇宙的构造和我们头脑的构造很类似。有人会好奇，宇宙那么大，怎么会和人的头脑相似呢？有一句话叫“其大无外，其小无内”，大小永远是相对的，任何事情都没有绝对。

比如，对细菌而言，也许我们的头脑就是一个宇宙。当我们无法从整体的视角去看待一个事物时，对事物的理解就会有很大的局限性。当我们从全局、从更大的空间再去看时就会豁然开朗。

佛学中说“一花一世界，一叶一菩提”，也可以说“吾心即宇宙”。我是我世界的主人，我在这个世界所感受到的一切都与我有关，解决问题要在“我”上下功夫。当我调整自己的内在时，外在的世界也会发生变化。

如果我希望我的世界美好，就应当调整我的念头，我的念头就是“我的世界”的源头。

有一个法则叫“吸引力法则”，有什么样的念头就会吸引什么样的资源。当我们经常想美好的事情时，美好的事情就会接二连三地发生。当我们经常想一些优秀的人时，优秀的人就会不断地聚集到我们身边。

常言道：“厚德载物。”如果我们想承载一些东西，拥有一些财富和成就，就得先具备与之匹配的德行。同理，如果我们想让身边的朋友都是志同道合的、正能量的人，那我们首先要让自己成为一个正能量、积极乐观的人。三国时期的刘备之所以能得到关羽和张飞的忠心拥护，之所以能让诸葛亮“鞠躬尽瘁，死而后已”，是因为他有德行，有一颗宽厚仁爱的心。

要做到“厚德载物”，先“耕心种德”，即调整自己的念头，提升自己的内在，在心灵的“土地”上耕耘，培养良好的品德，磨炼心性，明心见性。

当我们不断地“修”自己，提升自己的境界时，心就会不断绽放。这样我们的心才是富足的、充满能量的，我们的心生发的种种念头才会像磁场一样把各种美好的人、各种美好的事吸引到自己身边。心若至善，缘分自来。

修己识人：找到同频的人

识人是与人打交道的前提。孔子认为，不论是为人处世还是治理社会和国家，都不能不知人。

俗话说："知人知面不知心。"要想更准确地了解一个人，有没有好的方法呢？

孔子识人的方法是："视其所以，观其所由，察其所安。"

简单来说，就是“视”“观”“察”识人三步法：首先看他的言行，其次观察他做事的缘由，最后确认他的价值取向和志趣。经此三步，才能对一个人有较为全面的了解。

我在识人时，首先用的方法叫换位思考，或者叫“对应对方的内在”。当对方说话时，我会非常安静地倾听，感受他的内心，甚至把自己想象成是对方，代入角色，换位思考。

换位思考是深入读懂对方的一种方式。当你想去了解一个人时，你首先要跟他换位思考，进入他的频道，感受他的内心。比如一个朋友见到你时不够热情，看起来有点冷淡，当你没有走进他的内心时，你可能会不太高兴，觉得不被尊重，但如果你能进行换位思考，觉察他冷淡的原因，比如他性格内向慢热，或者有一点社交焦虑，就会对他的表现多一些理解和接纳。

我在识人时用的第二个方法，是观察对方的语言、眼神、声音、表情等细节。一个人所有的外在呈现都是他内在的投射。如果一个人讲话很啰唆，很可能是因为他的结构性思维偏弱；如果一个人言语之间很焦虑，说明他可能缺乏安全感，内核不稳；如果一个人在表达时比较急促，说明他可能不太容易考虑别人的感受。

我识人的第三个方法是不要只看他对你的态度，还要去看他对其他人的态度，看他是否会区别对待不同的人。另外，可以去听听身边人对他的评价，借助他人这面镜子可以更好地了解一个人。

读万卷书不如行万里路，行万里路不如阅人无数，阅人无数不如明师指路，明师指路不如自己觉悟。识人最终还是修己，当我们在修行的路上遇见很多人，经历很多事，对人性有了更深刻的洞察后，对人的判断也会更准确一些。

修己安人：提升彼此的价值

修行不是关起门来一个人修，而是在关系中修。如果我们不断提升自己的品德、认知和智慧，身边的人也会跟着受益，这就是“修己安人”。

比如一个人爱读书，随时随地都拿本书来读，孩子看见了就可能被影响，也爱上读书。有的人情绪很稳定，遇到事情不慌不忙，能用平常心看待，身边的朋友看见了就可能被影响，想学习他那种淡定从容的心态。

在大学里，有一种典型的“同频共振”现象，如果一个宿舍有人想考研，学习非常刻苦，这种拼搏的劲头也会感染身边的舍友，大家都开始热火朝天地学习，最后都考上了研究生。

所以，当我们不断成长，变得越来越好时，也会带动周围的人变好，实现积极能量在人与人之间的传递。

修己安人看起来似乎是把我的能量单向地传给别人，其实不然。

著名历史作家度阴山先生曾分享过一个很形象的例子：当我们盖被子时，是我们温暖了被子，还是被子温暖了我们？冬天，我们还没有钻进被子时，被子是冷的，我们也很冷，但是钻进被子后没多久，我们和被子都暖和了。因此，我们温暖被子与被子温暖我们是同时发生的，而我们又是温暖的源头。

也就是说，修己安人的同时，也会成人达己。我们成就了别人，别人也会成就我们。

就拿我自己来说，我把直播当成一种很重要的自我修行的方式，它给了我一个自我探索、自我对话的空间；同时，它也能让围观的朋友受益，获得内在成长。而随着直播间人数的增多，大家的反馈、交流也越来越多，这样的碰撞也让我对很多问题有了更新的思考、更深入的认知，进一步促进了我的成长。

在修己的过程中，我们虽然会“安人”，会给予别人一些帮助，但是我们也从中收获不一样的经历，收获美好和祝福，这也是滋养和丰富自己的过程。

2014 年，我第一次带学生出国游学，活动的起因是当时有学生想要出国看一看。后来我回顾这趟旅程时十分感慨，也特别感恩他们。正是因为他们，我才收获了世界各地的美丽风景。如果没有他们的需求，我可能也不会有这样的人生体验，这就是成人达己。

我们在做很多事情时，也在被事情所磨炼；我们在与人相处时，也在被很多人引领和启发。所以借由“安人”，可以“修己”；而借由“修己”，也能更好地“安人”。“修己”和“安人”是同时发生、相互促成的。修己安人是一个相互赋能的过程，在这个过程中我们都在提升彼此的价值。

柔之力：无形胜有形

在人际交往中，如果我们想扩大自己的朋友圈，想联结更多的人，需要做些什么呢？

从根本上来说，我们需要修好“柔”的力量。

《道德经》中说：“人之生也柔弱，其死也坚强。草木之生也柔脆，其死也枯槁。故坚强者死之徒，柔弱者生之徒。”

老子观物悟道，发现自然界中有生命力的东西总是柔软的，而那些坚硬的东西，则常常是生命力消亡后的表现。“强大处下，柔弱处上”，所以柔可以克刚。做人也应该柔软、谦虚一点，“处下”一些。“大国者下流”，真正有成就的人是处于下位的，像大海一样，能够纳百川。

在自然界中，最能代表柔这种品质的物质是水。《道德经》中说：“上善若水。水善利万物而不争，处众人之所恶，故几于道。”也就是说，柔的东西看似是往下走，实际上最接近于道。道是无形的，无形生有形，无形胜有形。

有很多人热衷于与他人竞争，把别人和自己对立起来，要战胜别人、超越别人，以显示自己的强大。其实我们的传统文化中强调的是天人合一、修身养性、超越自己。这是说我们只有像水一样柔和，不断滋养他人，才会有更多的人愿意靠近你，并与你合作。所以，柔并不是指表面上的那种无力，而是更有力，“天下之至柔，驰骋天下之至坚”，能够把柔修好的人，会慢慢进入到无形的境界，以柔克刚。

柔是一种灵活变通的姿态。

一个人如果高高在上、太强势，就容易伤害别人。而当一个人展现出柔弱的姿态时，就有利于拉近彼此之间心的距离。柔是以无形对有形。比如情侣之间，撒娇就是一种变通，用示弱的方式，而不是用强调对错的方式去赢得人心。你柔弱的样子会激发对方的保护欲，对方会更有价值感。撒娇也是在帮助我们破框，破刚硬的框，破执着的框。

柔是一种看似向下，实则向上的力量。

布袋和尚的一首诗中说：“手把青秧插满田，低头便见水中天。心地清净方为道，退步原来是向前。”柔的人不会过分执着于某件事，而是顺势而为，有时看似是在后退，其实是在更好地前进。就像父母养育孩子一样，懂得放手的父母，反而能养育出独立自主的孩子；看似柔弱的父母，反而会培养出内心强大的孩子。因为柔的背后有着巨大的慈悲，而刚强有时也意味着控制和征服。

当然，柔不是弱，柔是能够放下高傲，减少对抗，更多包容，更趋向于合作。柔是往内修养自己，凡事顺其自然，时刻保持随缘的心态。**关系中，越是随缘，越容易结缘，越容易创造出无限的可能性。**

用心联结：靠近滋养你的人

我们经常说要与人联结。到底怎样才算真正与人联结呢？

就是用自己的心去感受别人的心。

我与很多人面对面交流时，会去感受他的内心。当我感受他的内心时，就好像有一股能量在与他产生对应，我会将他对这个世界的理解和思考与我的心连在一起。在与别人交流的时候，我常常请教他人生中最重要的三点是什么，借由对方的分享，我可以把他的人生理念吸收进自己的意识里。

有一次在山东曲阜，我遇见了孔子第七十六代孙孔令绍先生。他在孔庙和孔府义务地给我们做讲解。那天早上我们约定见面的时间是九点，他八点多就到了，整个讲解的过程他全身心地投入，给我们带来了非常美好的体验。

在曲阜，我还偶遇了一位叫孙光喜的网红三轮车夫。他讲《论语》讲得特别好，还给我看了他的网络视频，网络点击量有 500 多万。我立刻向他发出邀请，请他给同学们做一个分享。第二天在我们的课堂上，他分享了一段关于他母亲的故事，从中我们感受到了他对母亲那份深沉的眷恋。当他眼中饱含着泪水时，现场很多人都被感动了。

当我们靠近这些优秀的人时，就能从他们的做事方式，从他们的优良品格中感受他们的人格魅力。

在丽江古城的宣科书房，我遇见了当时九十多岁的纳西古乐传承人宣科先生。他每天晚上都会去宣科书房观摩古乐会。虽然坐着轮椅，身体也不是太好，但他一直在以他的方式支持古乐的传承和发展。

我对宣科老师做了采访，问他人生最宝贵的财富是什么？他的回答是磨难。因为某些原因，他坐了二十多年的牢，从二十多岁的年轻小伙子一直到四十多岁的中年人。这段经历对他的人生产生了很大的影响。但是即便是这样的挫折也没有磨灭他对音乐的热爱。后来，他将自己对民乐的理解推向大众，将民乐推向世界，成了世界文化名人。在宣科书房，我看到了杨振宁先生、金庸先生以及很多外国友人与他的合影。我发现音乐可以联结无限的空间与缘分。

以上的这些经历都不是我刻意安排的，而是自然而然发生的。这些我曾经遇到的人就如一股股无形的能量，滋养着我的内心。

要联结来自他人的能量，也是有方法的，第一步是觉察。最好的觉察方式就是放下自己和他人的分别心，把自己代入对方的处境中：体验孔令绍先生认真做一件事的投入感，体验孙光喜对母亲的深情怀念，体验宣科先生在磨难面前依然坚守热爱之事的执着……只有这样，心与心之间才会真正相通。

联结能量的第二步是转化，也可以叫做“消化”。“消化”

的过程是回归事情的本质，实现悟的过程。从孔令绍先生的身上，我体会到的是当一个人专注于当下、活在当下时所呈现出的那种美好；从孙光喜的身上，我体会到的是父母和子女之间的爱才是人生当中最宝贵的财富；从宣科先生的身上，我体会到的是热爱可以超越磨难，可以让人生升华。总之，“消化”就是从别人的经历中获得自己的经验。

其实，我们身边一直不缺资源，但如果总躲在自己的世界里，这些资源就跟我们没有关系。有一个词叫“见食不饱”，食物本身是有能量的，但是我们要吃下去才会产生能量，它跟我们的关系源自我们对能量的转化。

重要的是沉下心，在遇到的缘分和经历的事情中去觉察、转化和悟。如果我们在关系中更多的是关注如何让自己的内在获得提升，那我们就拥有了“吸心大法”，可以从一切关系中获得滋养。

回归自我：放下无效社交

你是否曾因要不要去参加一场聚会而纠结，不去怕被孤立，去了又感觉融不进去，浪费时间？

在我们平时的生活中，团建、聚餐、应酬等都少不了，没有人能像孤岛般独自存活于这个世间。在远古时期，人类正是凭借“抱团取暖”才得以抵御各种猛兽的威胁，延续至今。社交不仅能满足人的生存需要，也能满足我们各种精神上的需要。当遭遇困难或烦心事时，朋友的陪伴能给予我们很多的温暖和宽慰。即便是萍水相逢的人，如果恰好同频，愉快地畅聊也是一种享受，它会让我们的头脑生发无限的创造，并给我们彼此的生活增添很多美好。

但也有一种社交，如盲目游走于各种派对、聚会和饭局，这些社交活动看似热闹非凡，但在喧嚣背后，我们需要认真思考一下，这些真的有意义吗？我们是否在不经意间，已经陷入了无效社交的泥沼，白白耗费了大量的时间和精力？

人际交往中，学会区分有效社交和无效社交的边界尤为重要。

有的人会说，我也知道要舍弃一些无效社交，但就是忍不住去参与，这是怎么回事呢？我想这背后，是内心需求决定了我们会把多少时间花在怎样的社交上。

有些社交可能是我们内心匮乏的一种外在体现，它或是源于对孤独的恐惧，或是出于对归属感的渴望，这些因素很容易让我们的心被外界的纷纷扰扰所左右，难以静下心来思索自己真正想要的是什么。而我们不得不直面一个事实：人生而孤独，这世上也许就不存在真正的感同身受，也没有人能够始终如一地陪伴我们度过生命中的每一分每一秒。我们最终都要回归自我，思考我究竟想成为怎样的人，我要如何才能为我的人生做主。唯有想清楚这些，我们才不会一味地从外界寻求价值感与安全感，才能够减少对吃喝玩乐式社交的依赖，回归本自具足的清净。

所以，想清楚如何最有意义地利用自己的时间，想清楚每一天要如何度过，想清楚我要为自己的梦想去沉淀什么，这些非常重要。每一个当下都决定着未来我们人生的广度与高度，当我们学会让自己静下来，偶尔享受孤独，回归生命的源头，并时常从本质出发去觉察、反思与总结，那我们赋予时间的价值便会帮助我们成为更好的自己。

《道德经》中说：“少则得，多则惑。”人际交往也是如此，如果我们认清社交的本质，放下无效社交，不仅可以节省生命的时间，更能让我们学会抓住重点，去结交从长远来看对我们更有意义的朋友，这对我们的成长会大有裨益。

读懂人性：善良是在结缘

想读懂规律和人性，就要多读历史。读完后你会发现，规律和人性始终没变。即使跨越几千年，人们对人性中“真善美”的追求也不会改变。

生活中，很多人习惯了用质疑的心态看待周围的人和事。质疑自然有它的价值和意义，它可以让我们远离危险，避免被骗。

也正因为如此，有时候人们宁愿保持冷漠，也不敢轻易去行善。

但从长远来看，善良的人其实会收获更多的缘分。

北京海淀中关村西区有一条善缘街，因历史上的善缘桥而得名。之所以叫善缘桥，是因为一位有善举的老居士。坊间盛传，道光年间，海淀镇东部有一条泄洪渠道，每到雨季水流不断，人们出行不便。镇上住着一位80多岁的严姓居士，以卖画为生。他见此情形，就拿出自己的积蓄在渠道上修建了一座石桥，桥修完后，老居士的积蓄也用光了。众人感其善举，出资修了护栏板，并将此桥命名为“善缘桥”，既取佛教术语“善法为佛道之缘者”，又有广结善缘、多行善事之意。

善良是可以结缘的，你可能善良了十次，被骗了九次，但是余下那一次善良可能就会让你得到贵人帮助。所以在我的价值观里，要保持那一份善良，也就是“大学之道，在明明德，在亲民，在止于至善”。当有人欺骗我时，我不会考虑他是不是欺骗我，我会考虑我是不是依然保持了那颗善心。

别人骗我会有他的因果，而我的善良会有我的因果，我不能因为他的因果就丢失了我的那份因果。另外，我要考虑的是我要有智慧。遇到一件事时，首先得有自己的判断，如果知道对方是骗子，就得保护好自己，不能主动往火坑里跳。如果一不小心被骗了，但在自己可以承受的范围内，就可以尽量多给予善意，因为善良里有因果。

人生是一个很长的过程，做一个善良的人，可能会受一时的委屈，但那只是人生中很短的一段经历。你的善良，哪怕别人不知，但天一定知道，最后这些都会变成你以后人生路上的惊喜和好运。

关系成长心法

一个人内在的真正满足不应该是欲望的无限累积，而应该是对当下一件件事情的投入程度。

我们越关注什么，就越容易得到什么。我们越是关注别人身上美好的一面，就越容易得到对方积极的反馈。

当我们走出去时，自我空间会慢慢变大，对很多事情的理解也会越来越有整体思维。

真正地好好说话，不只是简单的换位思考，更是要深入感知他人的需要，在每一次互动中，都给予对方足够的温暖与善意。

不解释不是认输，不是否定自己，而是怀着一颗通透的心，接纳人与人在认知上的差异，接纳对与错可能是一种主观上的“偏见”这个事实。

读万卷书不如行万里路，行万里路不如阅人无数，阅人无数不如明师指路，明师指路不如自己觉悟。

关系中，越是随缘，越容易结缘，越容易创造出无限的可能性。

其实，我们身边一直不缺资源，但如果总躲在自己的世界里，这些资源就跟我们没有关系。

肆 / 自我之心

“认识你自己。”这是刻在德尔菲神庙上的一句著名箴言。

我们最熟悉的是自己，最不熟悉的也可能是自己。当我们的心被欲望、痛苦、执念困住时，就可能迷失自我。因此，一个人只有修好自己的心，明心见性，才能活出真正的自我。

15 年前，我遇见了我生命中的恩师胡大平老师。最初参加胡老师的课程是因为我想找到管理他人和管理企业的方法，但上完一天的课程，我发现，“我”才是问题的根源，最需要提升和管理的不是他人，而是自己。所以，从 2011 年开始，我每个月会腾出几天的时间跟随胡老师天南地北去学习。

2012 年的一天，胡老师单独带我参观了航空母舰。他鼓励我做一个像航空母舰一样的人，但当时我拒绝了，我说不想自己的人生那么累，做一艘小船便好。现在想来，那时候的我之所以拒绝，是因为内心有恐惧，不想承担责任，这样的心阻碍了我。随着不断地学习成长，在埃及尼罗河边，胡老师再次问我想成为什么的时候，我脱口而出："我想成为尼罗河，承载着船来船往。"从一艘小船到一条河，看上去是梦想的不同，实则是内心世界的变化，曾经的我活在小富即安、自我满足的世界里，随着成长并发愿，我希望我可以造福天下人，可以成人之美。

正是胡老师一次次的引导与身体力行，让我的内心一次次得到升华。历经十多年，我发现当自己的内心和思维方式改变，就会越来越看淡外在世界的反馈，但这时世界和周围的人们反而会给你更多正向的回应。我开始深切地感受到：我变了，世界也会随之而变！

相由心生，世界由己造！收获幸福的权力从来不在别人身上，而只在自己手中，我们要让自己成为自己命运的主宰。如何主宰呢？这就需要我们在人生之旅中的种种困惑和困境中不断修炼自己，寻找答案。

比如：

总是很茫然，怎样才能找到生活的目标？

慢热的人想事情、做事情要比别人花更多时间，怎样才能让自己更快地成长？

总觉得自己不够好，不够优秀，如何走出自我否定的泥潭？

人人都说要做自己，但怎样才能活出自我，实现自我的价值？

人生不如意事十之八九，面对这些不如意和挫折，如何增强心理的韧性？

想改变自己，但总是无法落实到行动上，怎样提升执行力？

如何看待生命的无常？

人的命运可以改变吗？

…………

以上种种，我将在本章为大家深入探讨。

总之，人生的磨难虽然会带来很多痛苦，但它的存在不是为了击垮我们，而是为了让我们成长，让我们的内心变成熟。只要修炼好自己的心，命运就会掌握在自己手中。如同王阳明最后告别世界之时，旁人问他是否有遗憾，他回答的那样：“此心光明，亦复何言！”

识己：四种境界

一个人只有深刻地认识自己，才能成为更好的自己。

当然，认识自己并不如我们想象得那么简单。人们通常处于以下四种不同的境界。

第一种是：我应该……

我应该做个好人，我应该努力学习，我应该找份好的工作，我应该爱父母……当我们觉得“我应该……”的时候，总比对自己没有要求要好。但其中有一个问题，“我应该……”是头脑层面制定的标准，有时头脑所想的和内心感受到的并不一致。比如有的人小时候跟父母在一起的时间很少，缺乏心和心的联结，当他长大后，头脑层面知道自己应该爱父母，但情感层面上很难做到，因为在他的成长过程中亲情是缺位的。这就是心脑不合一。如果一个人头脑和情感过于割裂，就容易陷入内耗之中。

第二种是：我要……

“我要……”和“我应该……”还是有一点区别的，我要成为一个努力的人，我要成为一个负责任的人，我要成为一个创造自己人生的人……在这个阶段的人有主观能动性，知道我的人生由我做主，有目标和方向。但是“我要……”也暗含了对当下的自己某种程度上的否定。比如，我要成为一个善良的人，其背后的逻辑是我现在还不是一个善良的人。所以这个阶段也会产生一些内耗。生命是一个绽放的过程，而绽放首先要有自我认同。

第三种是：我是……

我是一个善良的人，我是一个爱学习的人，我是一个对自己人生负责的人，我是一个自私的人……“我是……”表达的是接纳和允许，好的和不好的，这都是我。哪怕有负面，我也能接纳，我允许当下的我是这样的，同时也明白我还可以更好，这说明我已经处在当下的状态了。与“我要……”相比，这个阶段的自我能量更富足，处于一种自洽和谐的状态中。

第四种是：如是。

“如是”是一切本该这样，万事万物本来就该这样，本自具足，本身就拥有一切，本该如此，所见即是我。刚才讲的“我是……”已经是一种自我和谐的状态了，但依然还有“我”，“如是”则把自我提升到一种无我的境界中。我即是世界，世界即是我，我与世界完全融合在一起。当一个人处于这种境界时，会放下我执，摆脱各种个人欲望的束缚，进入“应无所住，而生其心”的自在中。

我们可以自我觉察一下，自己处于哪一种境界，从而更准确地了解自己，为以后的成长打下基础。

因缘和合：千万不要看轻自己

有的人总觉得自己不够好，不够优秀。很多时候，这种感觉不是事实，而是对自我价值的否定。

世上的一切都是由各种元素因缘和合而成，包括我们每一个人。我们的身上有祖先的元素、民族的元素、世界的元素……其中任何一个元素发生变化，你都不可能是现在的你。

除了人，世间的万物可能都不会思考自己存在的价值。这能说明它们没有价值吗？当然不能，因为存在即价值。不管你有没有意识到自己的价值，你都是有价值的。

因此，我们要意识到自己的独一无二，千万不要看轻自己。

很多时候我们看轻自己，是因为有分别心，分别心又会衍生出很多标准。其实事物都是相对的，有比较才有所谓的高低好坏之分。本来我们对自己的家庭很满意，对自己的工作很满意，对自己的生活很满意，但一看别人，有的人比我的家庭更幸福，有的人挣的钱比我更多，心里就会有落差，然后之前的满意就变成了不满意。如果我们去掉分别心，就会拥有很多快乐。因缘和合，每个人的组成因素不一样，我们无需比较，不要在“和合”的结果上太执着，应该在“因缘”上去创造。

万法皆空，唯因果不空。在教育孩子的过程中，在自己的事业上，在与他人的相处中，如果结果没有随自己所愿，可以去思考事情本身，但不要自我苛责。自我苛责是拿这件事情来评判自己，是对自己的攻击，这会降低自己的能量，让事情往更糟糕的方向发展。而思考事情本身的出发点则不一样，它是为了让我们看清事情背后的真相，让我们找到提升自己的方法。

出发点不同，结果就会不同。种善因，得善缘，结善果。

有人会说，我种了那么多善因，为什么还没有好的结果？比如没有找到喜欢的人，没有找到自己热爱的事业，等等。其实，这就是和合的问题了。和合讲机缘，缘分到了，很多美好就会自然而然发生。缘分是无法被计划的，是可遇而不可求的，我们能做的，就是保持随遇而安的心态。

因缘让我们来到这个世界上。既然有这么多的因缘，每个人的因缘又不一样，那么就不要去比较，而是要修好自己的因缘。种好自己的因，在这个过程中等待时机，等待和合，就会有属于自己的果。

志向：过有意义的人生

有时候，人会陷入这样一种状态：感觉生活没有什么意思，每天都是枯燥无聊的重复，找不到人生的意义。当一个人陷入无意义感的困境时，就会感到迷茫和彷徨，然后像迷失了方向的小船一样随波逐流。

为什么会出现这样的情况呢？

一种原因是，有时候我们人生的意义是别人赋予的。

曾经有个休学的孩子跟我说，不管他怎么努力都达不到妈妈的期望。当考试考到班级前十时，妈妈就希望他考到年级前十，考到年级前十时妈妈就希望他进年级前三……总之，他感觉自己永远都满足不了妈妈的期望，他不知道学习的意义是什么。学习对他来说就好像只是一场无止境的奔跑，让他疲于应对。他不是在为自己学习，而是为了满足妈妈的期望而学，这样他迟早会感到疲惫和迷茫。

活出人生的意义，首先要找到自己喜欢做的事情，为自己而活。

有的人喜欢画画，有的人喜欢运动，有的人想当老师，有的人想环游世界。不管做什么，只要是自己喜欢的、内心认同的，我们就容易从中找到满足感、价值感和意义感。

当然，人的追求是无止境的。当我们体验过想做的事情，实现了想要实现的小目标之后，又可能陷入新的迷茫之中。一个人如果只关注自己，只在个人的小世界里努力时，获得的价值感是有限的。古时的智者和圣贤认为，能造福更多的人，才是生命价值的更高体现。

曾子曰："士不可以不弘毅，任重而道远。"当一个人看到众生的不容易，愿意为更多的人承担责任时，人生就有了更大的意义。也就是说，我们不能满足于小我，只关注个人小小的志向，如果能为众生立志，将会收获更大的人生价值。

如果我们还想有更高的追求，可以向孔子学习。

孔子在《论语》中提到："吾十又五而志于学。"孔子的"志于学"，不是学知识和策略，而是悟道，"朝闻道，夕死可矣"。天道与人欲不同，人欲易有贪嗔痴、有私、有为、有求，而天道讲真善美、无私、无为、无求。古代的大贤们有更大的使命感，君子谋道不谋食，忧道不忧贫，这是一种更高的人生境界。

一个人内在越成熟，就越会发现，人生是一场修行。人生的意义是修炼自己的心性，磨炼自己的灵魂，绽放自己的人生。希望我们每个人在修行中能够遇见更好的自己。

热爱：守住自己的『中心』

我们经常说，人要活出自我，实现自我的价值。

怎么做到呢？关键是找到自己的热爱。

热爱是发自内心的喜欢。自由式滑雪运动员谷爱凌曾坦言：“我不是为了参加奥运会而滑雪，我最初做这些事情是因为我喜欢，然后顺便开始比赛，也顺便赢了起来；这让我更喜欢它，再接着去做；我喜欢去做不同的滑雪动作，而不是去获奖……”

热爱的背后是天赋。只有对一件事特别地热爱，我们才会有热情，才会投入，才会愿意为之持续付出时间和精力。而这样的事，往往就是天赋所在。所以，如果你发现自己特别热爱的事，一定不要放过，要投入极致的用心和努力。**凡事最怕用心，人一旦用心就容易唤醒潜能，让自己的天赋充分发挥和绽放出来。**

生活中，如果我们觉得自己好像没什么天赋，往往是因为我们的精力没有放在自己热爱的事情上。所以，找到热爱是人生中非常重要的一件事。

有的人说孩子热爱打游戏。其实他不一定是热爱打游戏本身，也可能是一种逃避心理，将游戏作为精神寄托，游戏对孩子而言只是一种精心设计的诱惑。真正的热爱是发自内心的主动能量，是自我价值将要实现的指引。它不仅让你在感官上体验到愉悦，还能在精神上体验到价值感和成就感。这是游戏所不具备的。

热爱能够让我们保持中心。所谓中心，就是一个人的生活重心，一个人的价值观和信念等内在核心。在生活中，会有人否定我们，也会有让我们不舒服的声音，但真正的热爱不会被这些外在声音干扰，热爱会让我们的内心足够坚定。

大部分人工作都是为了挣钱，但如果你一直围绕着金钱转，可能会频繁跳槽。一份工作收入五千，另一份工作收入八千，你可能会马上换另一份工作，即使这两份工作之间可能完全没有关系。但如果你找到了自己的热爱，面临选择时就不会只围绕着金钱，而是围绕自己的热爱，不会因为眼前一时的诱惑而迷失自己。

其实在任何一个领域，只要你能做到顶尖，往往都不会缺钱。热爱会产生一份能量，极致的热爱是忘我的、不在意自我得失的，会驱使我们把一件事做到极致。一件事做到了极致，就一定会有一个“好价格”，这是价值法则。

子曰：“知之者不如好之者，好之者不如乐之者。”因为热爱，每个人皆可在生活中找到乐趣，找到自己的天赋，找到自己的中心。只要我们持之以恒，实现自己的人生价值就会变成大概率事件。

欲望减法：从繁到简的力量

我是一个见到新鲜事物就想去尝试的人。随着阅历日渐丰富，我发现这未必是好事。为什么这么说呢？

因为，如果所有事情我都去做，留给自己内心的空间就会变少。人生需要留白，留白可以给自己积蓄能量。所以，我现在时常提醒自己，要学会做减法，凡事不能贪多。

俭以养德，当欲望减少时，德行会得到更多的滋养。

中国人对住宅有种观念，房子并不是越大越好，因为空间太大了不聚气。这种观念认为，人是有气场的，当我们居住的空间太大，自己的气场又不足时，房子就会消耗我们的气。如果我们知道俭以养德的道理，在买房子时就会追求居住上的舒适，而不是一味地追求更大的空间。

当“俭”变成我们的思维习惯时，聚餐点菜时你就会讲究恰到好处，不浪费，这是对资源的一种珍惜。很多人觉得菜一定要丰盛才能显示出自己的热情，体现自己的面子，这其实已经陷入欲望和虚荣里了，既造成了不必要的浪费，又损害我们的德行。

释迦牟尼涅槃时嘱咐后世众生要以戒为师，这个戒就是“止”。这个“止”就是《大学》中说的“知止而后有定，定而后能静，静而后能安，安而后能虑，虑而后能得”。简单来说，就是在生活中我们要知道什么时候该停下来，什么事情不该做，什么人不该见，什么话不该说。学会做减法，而不是放任欲望无限膨胀。

《道德经》中说：“多言数穷，不如守中。”做减法不是不做事，而是要守住自己的中心，把擅长的事情做到极致。

人这一生，如果做的事情大多是自己擅长且热爱的，不仅会效率高、效果好，我们内心的满足感和价值感也会高很多。而如果我们做的大多是琐碎且不喜欢的事情，不仅会耗费自己的能量，还会让我们找不到人生的意义，迷失自我。

所以，面对纷纷扰扰的大千世界，以及像杂草一样肆意生长的欲望，我们不妨多提醒自己：定下来，守住中心，多做减法。有时候多就是少，少即是多，懂得从繁到简的人更有力量，敢于舍的人才能真正拥有。

学习与修行：不慌不忙地成长

有人说："我这个人比较慢热，想事情、做事情都比别人慢半拍，怎样才能让自己更快地成长呢？"

其实，成长本就是一个循序渐进的过程。

有些人说自己没什么悟性。其实无须否定自己，因为悟性是有很多维度的。比如说，有的人学语言快，有些人学数学快，有的人学动作很快，这是在不同类别的事情上悟性的区别。你在自己擅长的事情上悟性就好，在不擅长的事情上悟性就差。在这个过程中不要跟别人比较，每个人的情况不一样，这样的比较除了徒增烦恼，并没有多大的意义。

此外，即便一个人在某一领域内有天赋，这种天赋什么时候显现出来，也是因人而异的。同样是治国，三国时期的诸葛亮二十多岁就展现出经天纬地之才，而商周的姜子牙据说到七十岁才被周文王看中。但不管成名早还是晚，都不影响他们在历史上的地位。

就像每种花都有自己的花期，每个人也都有自己的人生轨迹，重要的是按照适合自己的方式去绽放，而不是比较绽放的快与慢。

在学习各类知识的过程中、在人生的修行之路中也是如此。如果我们只盯着结果，就容易急功近利，变得很浮躁。而如果我们能沉下心来，享受成长的过程，我们就走在了正确的道路上。

有这样一个小故事：一个人跟着老师修行，他们一起去爬山。徒弟爬山的时候特别快，因为他一直惦记着山顶。而老师则对结果不执着，按照自己的节奏一步一步慢慢往上爬。徒弟爬到半山腰时感到十分疲倦，于是坐在那里等师傅。等师傅到达半山腰时，徒弟发现师傅并没有气喘吁吁，而且看起来非常从容。徒弟纳闷地问：“师傅，您的体力怎么这么好？”师傅回答说：“并不是我的体力好，我只是按照我的节奏朝着我的方向走，你觉得累是因为你只想快点到达山顶，破坏了节奏，过早地消耗了体力。”

因此，我们要找到自己人生的方向和节奏，在走的过程中不执着，该快则快，该缓则缓，该停则停。

方向和节奏把握好了之后，我们就将过去的事留在过去，把未来的事交给未来，让心安住在当下，像春天土地里的种子一样，不慌不忙地成长就好。

极致忘我：体验玄妙的感觉

不知道大家有没有体验过玄妙的感觉？我在上课时、在大自然中时经常会有玄妙的感觉。

玄妙是一种很难用言语去表达、很难用理性逻辑讲清楚的奇妙体验。你突然对一个人、一件事、一种场景有一种难以名状的感受，这种感受可能是幸福，可能是感动，也可能就是灵魂被触碰的感觉，你不知道为什么有这样的感受，也不知道这种感受代表着什么，但你就是有一种被“点到”的感觉。

怎样才能体验到玄妙呢？

《道德经》第一章中说：“无，名天地之始；有，名万物之母。故常无，欲以观其妙；常有，欲以观其徼。此两者，同出而异名，同谓之玄。玄之又玄，众妙之门。”简单来说，如果我们想体验到玄妙，就需要进入到“无”和“空”的状态。“无”和“空”的状态中重要的不是头脑层面，而是心。空而不空是谓真空，这颗心不是完全的“空”，是无限宽广的拥有。

空心、无心并不是没有心，而是“无极”的状态——不执着，不思恶，不思善，能够“应无所住而生其心”。比如，我们总想着一定要表现好，今天的课一定要讲好，明天的考试一定要考好……这个时候心就会被阻碍，玄妙的感觉就不容易出来。玄妙的感觉是无形的、无我的，是在顺其自然的状态下发生的。

玄妙是追求广大的“空”，而不是追求无限的“有”。

我们大部分时间都在追求有形的东西，有形的东西能够在很多细微的地方呈现，但是太多的“有”不容易产生“无”的玄妙。之前去看洞经古乐演出时，我问乐队中的一个笛子手：“吹笛子的最高境界是用什么吹？”他回答说是忘记一切的技巧，用心吹，然后进入“无我”的境界，这就是玄妙。

玄妙是到达极致忘我的状态。

一个人在极致忘我的时候，就会非常享受，在非常享受的状态下容易产生玄妙。而一个人处在很紧绷、很在意的状态中时，玄妙就不容易发生。

稻盛和夫在《活法》中说过：“人不需要远离凡尘，工作场所就是修炼精神的最佳场所，工作本身就是一种修行。”在事业上，如果我们把工作做得很辛苦，那么接下来会有吃不完的苦。而如果我们很享受这份工作，觉得它可以实现自己的人生价值时，玄妙的感觉就会出来。玄妙的感觉经常出来，工作中会有如神助，处理问题、解决问题的能力会大大提升，好像找到了“方便法门”。

《道德经》中说“玄之又玄，众妙之门”，这里的“妙”是方法，“玄”是来源。佛学中讲的“真空生妙有”，意思是当我们能经常进入极致忘我的“真空”状态时，会产生非常多的“妙有”。当然，这种玄妙只可意会，不可言说。体验到这种“玄妙”，就好像找到了智慧之门、幸福快乐之门。

人生无常：不要太执着

有人会喜欢无常吗？相信大多数人都不喜欢。

无常本身无所谓好坏，它只是一种状态，一个客观的存在。若一切都有常，一切都不会变化，那我们现在可能还生活在原始的社会。无常告诉我们，世间万物随时都在变化。既然一切都在变化，如果我们追求恒定的不变，就不符合规律。

人们都希望自己的生活永远美好，希望自己爱的人永远都爱着自己，希望家人永远都平安……愿望虽好，但是不符合规律。生活有顺境逆境，人有生老病死，物有成住坏空，变化一直在发生，无常才是正常。

无常告诉我们不要太执着。

当一个人无法接受无常时，就会执着于安全感。越追求安全感，反而越会失去真正的安全感。

有些人找工作时希望找一个“铁饭碗”，希望在这个地方可以安稳地吃一辈子饭。这是对安全感的追求，但是谁能保证这份工作真的可以做一辈子呢？当一个人过分追求安全感时，就是过度地外求、过度地依赖一个稳定的外在环境。**外求的安全感不会恒久，真正的安全感是内心的笃定与自在，能允许一切的发生。**所以人生最重要的事情不是外求去找“铁饭碗”，而是往内修炼自己。最好的“铁饭碗”不是在一个地方吃一辈子的饭，而是不管走到哪里都有饭吃。

生活的无常有时确实让人痛苦，但不完全是坏事，无常也会让我们遇到很多的精彩。

孔子在春秋末期群雄争霸的乱世冒着生命危险周游列国。他明知不可为而为之，坦然接纳无常的发生，不断宣扬自己的治国理念和思想学说，最终成为“万世师表”。

无常所带来的不确定性也许会让我们感到焦虑，但这些不确定性也可能让我们遇见各种美好和各种缘分，我们可以在缘分中开启无限的可能。

就像你跟爱人最初的遇见，是不是一种未曾预料的无常和偶然？然后偶然产生了现在的必然。孩子的成长过程中也有很多的偶然，我们是否能抓住每一次偶然的机会，让它们成为美好的必然？所以偶然中有必然，无常里有有常，两者相辅相成，相互交融。

面对人生的无常，可以多一些接纳和包容，多一些自然和从容。心能容纳万事万物的人，才有能量创造更多生命的精彩！

习惯接纳：允许一切的发生

俗话说：“人生不如意事十之八九。”面对这些不如意，我们如何调整自己的心态呢？

这让我想起英文中的两个短句。一个是“make it happen”，意思是努力使之发生；另一个是“let it happen”，意思是让它发生，顺其自然。

当我们执着于某种结果时，就想控制外在事情的发生，若结果不能如我们所愿，我们的内心就会产生很多负面的情绪。这些情绪看似源于所发生的事情，其实是源自我们对这件事情的看法和解读。

面对生活种种的挫折和磨难，如果我们满脑子想的是“为什么受伤的总是我”“命运对我太不公平了”，就会沉浸在受害者的心结中，难以自拔。而如果我们把这些挑战当成人生旅途中的风雨，认为它虽然让人有些许痛苦，但也是成长中不可或缺的一部分，就会坦然很多。这样，我们就拥有了顺其自然的心态。

从心理学的角度来说，顺其自然的本质就是接纳。所谓接纳，就是允许一切的发生，哪怕有些结果并非如自己所愿。

接纳磨难并不意味着对痛苦妥协或麻木，相反，这是成熟与智慧的表现。它让我们以平和的心态去审视自己的处境，认识到每一个挑战都是生命赋予我们的礼物，可能包装得并不好看，但里面却藏着能使我们成长的种子。通过不断的努力与坚持，我们可以将这些磨难转化为推动自己前进的力量，让生命之树因此更加枝繁叶茂。

真正的接纳不是一时的，不是在这件事上接纳，在另一件事上不接纳；不是今天接纳，明天不接纳。真正的接纳是一种稳定的思维习惯，是一个深刻且持久的过程，它是发自内心的认同，需要耐心和持续地相信。但只要你是真正地接纳了，就能以更加开放、更加平静而坦然的心态去面对生活的起伏与变化，并经历这些磨炼。

人生不是一个完全设计好的程序，它会时不时地发生很多无常。接纳生活中的缺憾、挑战和磨难的发生本身就是一场修行。痛则不通，通则不痛。当我们不刻意去做人生的设计，不把人生当成一条既定的轨道，而是当成可以自由奔跑的旷野时，反而更容易有美好的缘分，更容易让自己在这趟不完美的人生旅途中体验到别样的风景。

弯路：挫折是成长的催化剂

人可以不走弯路吗？

虽然我们都不喜欢弯路，但实事求是地说，走弯路才是生活的常态。

自然界中的江河都是蜿蜒前行的，人生的道路也不会总是平坦顺利，遇到挫折也很正常。因此，我们说人生是一场修行，我们所经历的好事和坏事都是成长的养分。

每个人都会经历一些不开心的事情，遇到一些糟糕的情况。然而，正是这些痛点让我们有了新的起点，并成为下一段美好的开始。我们总是期望很多事情能按直线推进，不断地向上发展。然而现实的世界里不存在绝对笔直的路径。就像黄河和长江一样，它们从源头开始经历漫长曲折的旅程，最终流入大海。可见，当我们执着于自己的想法，试图直接获得结果时，反而会违背自然规律。

生活亦是如此，有时我们会走一段弯路，但这并不意味着我们浪费了时间。相反，这些弯路是我们成长的契机，是让我们学会谦逊和豁达的过程。

人为什么要具备谦逊和豁达的品质？就像石头在岁月的洗礼下会变得圆润成熟，我们的人生也会在岁月的历练下变得充实宽广，弯路就是一个人从幼稚到坚韧的最好的磨刀石。面对低谷和挫折时，不要逃避，因为这些经历会拓宽我们的发展空间，有助于我们成长。

物极必反，否极泰来。**弯路是转折点，我们经历的挫折也是风景中的一部分。弯道处有风景，挫折中有机会。**

当我们走了弯路时，首先要保持信心。信心不仅仅是一种信念，也是一种看待问题的思维方式，即不管遇到什么事情，不管遇到多难的事情，都能够看到其中积极的一面，都能从中有所收获。有了信心，与之相匹配的资源会开始出现；相反，当我们悲观时，与悲观相匹配的资源也会出现。

为什么许多成功人士喜欢分享自己在困难中的经历呢？因为这些经历让他们成长，促成了他们的蜕变。如果你的孩子正在经历苦难，请允许他们去经历。所有糟糕的事情、痛苦的经历、难受的情绪，都是人生的一部分，它们是一个人走向成熟不可或缺的催化剂。

人生有高峰也有低谷，有顺利也有挫折，有宽广也有狭窄，有得也有失，有好也有坏，有舍弃也有获得，有危险也有机会。当我们经历了生活的 A 面，也经历了生活的 B 面，我们对生活的理解才会更深刻、更透彻。

生活暂停键：

停下是为了更好地前行

有时候，暂时停下是为了更好地前行。

“停”字，是一个“人”和“亭”靠在一起。作家蒋勋说过：“爬山时遇到亭子，就是在告诉我们，不要再走了，这里的风景美极了。”让自己在亭子里歇息一下，低头看花开花落，抬头看雁过南天，放松心态，捋清前路。

人生的路很长，我们总要前行。“停”，正是为了更好地走。**我们要有前行的勇气，也要有停下来的心气。**正如《易经》中艮卦的彖辞所说：“艮，止也。时止则止，时行则行，动静不失其时，其道光明。”人就是该停的时候就停，该行动的时候就行动，不管是行动还是停止都依时而定，这样人生之路才光明顺畅。

当我们忙碌时，要知道忙碌的意义是什么。很多时候我们会用忙碌的状态求得心安，如果一天什么事情都没有做，就会有罪恶感，好像只有忙碌才能证明自身的价值。很多时候，我们的价值似乎总是通过外在的所得和成就来定义，而这种外求是没有尽头的。如果我们一直被琐碎的事情推动着向前，被重复性的事情淹没，就无暇停下来去思考人生最重要的是什么。

人在放松安静时，整体观就会出来。有了整体思维，做事情就会有规划性。

这就好比我们在一片空地上盖房子，如果我们不断地重复拿起砖头搭建这个动作，看似非常用功地做了很多事情，也十分辛苦，但最后发现房子连最初的设计图都没有，完全没有规划好，既不安全，也不是我们期望的样子，所做的一切就都变成了徒劳。我们不怕忙碌，但是在忙碌的过程中要有结构性思维和整体思维。

人在忙碌时会把时间放在更紧急的事情上，而忽视了更重要的事情。

我有时也会这样。比如，我最近要写一本蛮重要的书，需要留出足够的时间来思考内容。但是大多时候我却忙着开会，忙着各类交流活动，甚至忙着去关注一些小事上的细节，很快三四天的时间就过去了。如果我能够让自己安静下来，利用好这三四天的时间，就能让图书编写工作取得进展。

所以“忙碌”往往会让我们变得“盲目”，之后就会“茫然”。我们在琐碎的事情上花费了太多时间，在整体和结构性的事情上反而没有了时间。

希望大家在人生中给自己一些停下来的时间，找到人生中的“亭子”，停下来，靠一靠，欣赏一下美景，调整一下节奏和心态，然后继续向前。

“停”，是为了更好地走，这就是“停”的人生智慧。

学会等待：事缓则圆，人缓则安

有时候，一件事迟迟无法解决并不是因为我们做得不够好，而是时间不对，时机未到。面对问题，等待也是解决方案中很重要的一环，事缓则圆，人缓则安。

我年轻的时候想读一些经典著作，发现怎么都读不进去，总是不断拿起，又不断放下。后来我年纪大一点了，人生的阅历丰富一些了，再去读那些经典著作时，发现读起来既自然又畅快，豁然开朗。这就是等待的价值。当我们发现一件事卡住了，自己怎么努力都没有效果时，不妨等一等，也许有一些我们没有意识到的条件还不够成熟，需要时间的发酵来补上这些缺口。等时机成熟，自然瓜熟蒂落。

人生也是如此。我们经常把人生当作一场修行，有人可能会想："我什么时候才能'修'好呢？"其实不必着急，修行最重要的不是结果，而是过程。我们在等待结果的过程中，等待也是一种修行。

子曰："吾十有五而志于学，三十而立，四十而不惑，五十而知天命，六十而耳顺，七十而从心所欲，不逾矩。"

孔子不是生来就是圣人，他的人生也不是一帆风顺的。他幼年丧父、少年丧母，而后自己独立面对人生。整个人生旅程中，他遇到过他人的不认可、不理解以及各种挑战。但孔子慢慢地找寻着自己，给他人解惑，而后找到了自己的天命，再进入了"不知而不愠"的耳顺状态，最后达到了"从心所欲，不逾矩"的玄妙境界。

人的成长都需要经历的积累、时间的沉淀。如果一个人要求自己二十多岁就看透一切，知天命，那很容易会碰得头破血流。就像农民在春天种上种子，要慢慢等到秋天才能收获一样，人的成长也是一个循序渐进的过程，我们需要耐心一点，学会等待。

除了对自己多一些耐心，我们对孩子也需要多一些耐心，让孩子自然而然地成长。

父母都希望孩子的人生道路能够平坦一些，快乐一点，但喜怒哀乐、悲欢离合是人生常态。我们要允许孩子去经历他的因果，有经历才会成长。父母可以祝福孩子，也可以给孩子一些引导和支持，但是父母永远没有办法代替孩子去经历他的人生。**在孩子经历痛苦时，父母要学会等待，等待孩子自己从苦难中穿越，并获得苦难的“馈赠”**。

等待的过程不是完全不作为，而是先将期待的结果高高挂起，然后脚踏实地地专注于当下，做自己能做的事，做当下能做的事，带着顺其自然的心去创造。

这样的等待中，才有更好的风景、更多的机会、更美的缘分。

经历：南墙是最好的老师

有的人一直很想改变自己，但总是无法落实到行动上，这是为什么呢？

一个很重要的原因是，他吃的苦头还不够。南墙是最好的老师，一次不行就多撞几次。我小时候比较调皮，头经常被磕破，次数多了就长记性了。长大后，我就特别重视自己的安全。

杨绛先生说过一句话：“人教人教不会，事教人一次就够。”很多家长为了让孩子少吃苦甚至不吃苦，会苦口婆心地给孩子讲很多道理，其实这样做孩子未必能明白。就像长辈经常对我们说要注意身体健康、好好休息、好好吃饭，但我们听后会觉得不耐烦，依然我行我素。直到生病了，自己痛过了，才会觉得他们说得有道理。千金难买早知道，不经一事，不长一智。

人的本性是趋利避害的，吃过苦的人知道某些经历会产生怎样的后果，再遇到类似情况时会尽量避免重蹈覆辙。这样的改变，往往是更深刻的。

家长如果爱自己的孩子，在确保安全底线的前提下，一定要放手让孩子多经历一些风雨。有些苦你无法替他承受，必须由他自己去体验。

而且，受挫的经历所带来的痛苦本身就具有价值，从成长的角度说，它们是在修炼我们的心性，磨炼我们的灵魂。

修炼心性意味着在经历生活的种种挑战和困境时，我们能够管理好自己的情绪，保持内心的平静，并且与人为善。在不断的自我反省、学习和调整中让自己的心性变得更加平和与宽广。这也就是《孟子》中所说的：“天将降大任于是人也，必先苦其心志，劳其筋骨，饿其体肤，空乏其身，行拂乱其所为，所以动心忍性，曾益其所不能。”

在通过各种磨难和考验后，我们的灵魂得以升华。这就是对灵魂的磨炼。有些经历可能让我们感到痛苦和不安，但正是这些真切的体验让我们更深刻地理解了生命的真谛，更懂得珍惜眼前的一切。

佛说：“烦恼即菩提。”烦恼本身就会产生智慧。也就是说，人没有经历过生活的捶打，就不可能获得真正的成长。所以，不必急着把“撞南墙，吃苦头”看成是一件坏事。经一事，长一智，经很多事，长很多智。每个人都需要在一次次的经历中去体验，去蜕变，然后在蜕变中遇见更好的自己！

转念：内心自在无挂碍

我们都向往自由，但什么是真正的自由呢？

很多人认为自由就是想干什么就干什么，这种理解有待商榷。

曾经有一段关于贵族精神的描述：一是根植于内心的修养，

二是无需提醒的自觉，三是以约束为前提的自由，四是为别人着想的善良。

可见，无论在何时何处，自由都是有前提的。自己想干什么就干什么不叫自由，叫恣意妄为。

自由是要以约束为前提的。

人这一生想获得时间上的自由是不容易的。比如在学校读书、在单位上班都要受到一定时间的约束。如果想解决这个问题，最重要的就是提高效率，效率高的人获得的自由空间会大一些。所以，我们在学习和工作中不要抱怨，要想着提高自己的效率，去获得更多的成果，创造更多的价值。

如果一个人能拥有“我的人生我做主”的意识，就容易获得更多的自由。追求自由的人很少去思考别人要为我做什么，而是思考我在现有条件下能创造什么。因此，想拥有更大的自由，先要有主动创造的思维意识。

自由更多的是一种内心的感觉。

有些人觉得事情按他的想法去展开就会感到自由，但是我们生活在这个世界上，不可能所有的事情都以我为中心。**真正的自**

由不是让外界的一切如自己的愿，而是自己的内心自在无挂碍。自由最终是一种空性，是一种“应无所住而生其心”的自在。从修行的层面来说，更重要的是寻找内心的自由。

六祖惠能的法嗣永嘉禅师在《证道歌》里说道：“从他谤，任他非，把火烧天徒自疲。我闻恰似饮甘露，销融顿入不思议。观恶言，是功德，此即成吾善知识。不因讪谤起冤亲，何表无生慈忍力。”一个人，不管别人怎样诋毁、诬蔑、欺侮、怠慢，如果能像饮甘露一样欣然地接受，就可以从中受益。这与王阳明所说的“随人毁谤，随人欺慢，处处得益”有异曲同工之妙。

做到这点的关键是学会转念。

当我上当受骗了，可以转念想想：这也不是人生绝境，放下就是了，前面还有很多美好的事情等着自己。当我们在意的越少，内心的羁绊就越少，更容易感受到自由。反之，若我们在意的越多，渴望控制的越多，执着的越多，就越不自由。

内心自在无挂碍，心就自由了。我们的心自由了，整个人也就拥有了真正的自由。

世界观：从小我，到大我

有一句话我特别喜欢：心大了，事情就小了。

怎样才能让自己的心变大呢？这就要从我们的世界观入手。

“世界”的“世”原是指时间的延续，比如“世代”表示时间的流转，“世”还可以引申为“人间”或“社会”；“界”是指空间的界限，引申为“范围”或“领域”。结合起来，“世界”既是指时间和空间的总和，也泛指地球或人类社会。我们的世界由时间和空间构成，所以我们要在时间和空间上下功夫。

我们真正拥有的不是财富，不是外在的一切，而是人生最宝贵的东西——时间。当我们把心定在当下时，会感觉时间过得慢一些；而如果我们过多地活在对未来的期待中，会感觉时间过得越来越快。不执着于对未来目标的过度追求，我们对时间的感知会更加敏锐。所以，“拥有”更多时间的关键就是把握当下。

个人规划决定了我们把时间用在哪里。若能站在更广远的时空去做当下的决定，我们看问题会更具宏观性，更容易抓住事物的本质。一个人的智慧，常常是这样产生的。

在教育中，如果站在 30 年，甚至是 100 年的时间维度来看当下，我们就知道有些决定该如何做了。很多真正有成就的人，他们小时候的学习成绩一定好吗？还是因为他们的品格和德行更好？其实，人才的长久发展是建立在品格和心性的基础上的。

“世”是时间。我们首先要好好珍惜时间，第二要把握当下，第三要站在更广远的时空来看当下，然后去做选择。

“界”是空间。我们要跳出自己固有的空间，才能进入到更广阔的空间。如果我们总是把自己困在一个房间里，就没有办法看到外面的山、外面的河、外面的海、外面更大更美的风景，所以我们要学会转换空间。

孟母三迁就是转换空间，给孩子换一个好的学习环境，帮助孩子更好地成长。

当我们换了一个空间时，就不会在小我的世界里那么执着。你会发现自己天天低着头关注的东西太小了，很多事并不值得去耗费心力。你会发现原来世界这么大，看到世界的多样性和有这么多的可能性。看世界就是有这样的好处。

不观世界，哪有世界观？所以，要多走出去。当我们观过世界后，就会对曾经看不懂的人和事多一些理解，对曾经看不惯的人和事多一些接纳和包容。这样，我们才有机会从小我成长为大我。

人生剧本：本色做人，角色做事

每个人都有自己的人生剧本。我们如何才能演好这仅有一次的人生大剧呢？答案就是一句话：**本色做人，角色做事**。

本色做人是回归自己的内心，角色做事是投身外在的现象。如果我们能够守住本心，同时在一切的现象里绽放这个“色”，就是一种特别的展现。

《心经》中有云："色不异空，空不异色，色即是空，空即是色。"我认为本色就是"色不异空"的"空"，角色就是"空不异色"的"色"。本色是本质，是自己的心，是源头；而角色是相，是外在的表现形式。所以人生中扮演什么样的角色不是最重要的，修好自己的心才重要。一修一切修，修好自己的本色，按本色做人，按角色做事。

本色可以是价值观，比如真善美。如果一个人在任何地方都呈现真善美，这就是按本色做人，但呈现的方式不一样，这就是按角色做事。中国古代用的铜钱，外圆内方。方形代表的是本色，是要有自己的原则、愿景和使命，而外面的圆则代表的是角色，是圆融的，可变换的。

角色是灵活的、不固定的。如果你是老师，在学校里可以跟学生讲道理，回到家里就要回归父母的角色，到了父母身边就要回归子女的角色。不能因为自己是老师，就要教天下的人。我们在生活中会有很多种角色，要学会随时转换。水平高的人既能守住本色，又能在角色里切换自如。

演好自己的人生剧本，还需要找准自己的定位。简单来说就是：**做自己人生剧本的主角，做别人人生剧本的配角。**

主角就是我，我就是我世界的主宰，我的世界因为我而存在，如果我消失了，我感知的这个世界就消失了。我好一切好，一修一切修。我们常说“我是一切问题的根源”，这就是主角思维。这不是让自己活在懊悔和自我否定里，而是我知道我的人生由自己创造，我可以随时改剧本，我可以让自己的人生剧本越来越好。

当我们做配角的时候，不能太强调个人的感受和欲望，要考虑配角背后的整体性、全局性，知道在全局中我们应该呈现什么“相”。

主角是主缘，配角是助缘。别人不会成为我们人生的主角，自己才是。所以我是主缘，所有外在的缘分都是我的助缘，万事万物都可以为我所用。我们一方面要感恩生活所给予的一切，另一方面也要把握好这一切，活出自我。

在大千世界中，我们要修好自己的心，明心见性，让自己在自己的人生剧本里精彩绽放。因为对于我来说，我，就是这个世界上最重要的人。

心无挂碍，舍不为得：
绽放自己的人生

人越在意什么，就越容易被什么所折磨。当我们特别在意一件事的结果时，结果往往会不尽如人意。

怎样才能打破这种“诅咒”呢？先与大家分享我的一次经历。

在云南丽江游学的时候，我曾有幸看过洞经古乐的演出，很受震撼。不是震撼于音乐本身，而是震撼于一群人的付出。当我们走进会场时，很多表演者都已经做好了准备，专注地在那里等待出场。他们早上五点左右就要起床梳妆准备，那一份用心让我特别感动。

用心的背后是爱和使命的传承，也是文化的传承。我们在做事情时，经常会计较付出和回报。当这样的想法挂碍在内心时，我们不会真正地付出，当然也不会真正地得到。也就是说，当我们心有挂碍时，心灵就不太容易绽放。如果我们爱一个人是为了求回报，是为了换取更多的爱，那这份爱，就不是真正的爱，而是欲望，欲望是无法滋养我们心灵绽放的。当一个人的心灵完全敞开，能信任、包容、接纳一切时，所有的真、善、美就会在举手投足间自然展现出来。

洞经古乐的演出之所以让人感动，是因为他们无所求的付出和真正的热爱。每个人的内在都有无限的智慧、无限的潜能、无限的力量、无限的爱。只要认真专注地热爱下去，什么事都能做得到，什么事都能做得好！这种由内而外散发出来的能量深深地感染着每一个人。

在云南，我们还去了杨丽萍剧院。该建筑就像杨老师本人一样，展现了中国古典写意的美学风格，杨丽萍老师带给我们的感觉是生命的极致绽放，所以她才会把这种风格做到顶尖。在生活中，大多数人对自己没有极致的要求，这是因为大多数人还没有形成让自己生命极致绽放的意识。

杨丽萍老师的整个作品集都很原生态，它们来源于生活，又高于生活，是生活和文化的表达。原生态音乐和舞蹈展现了白族人民白天劳作的场景、他们对待自然的态度，以及他们的情感表达方式。这样的表演能够让观众沉浸地品味白族人民与大地的联结，与生活的联结，与自然的和谐共生，从而更深地感受到云南多姿多彩的民族文化魅力。

这种对艺术的追求，让我想到了四个字——舍不为得。

当一个人带着“只问耕耘，不问收获”的心去做一件事时，往往会有意想不到的收获。但是，当我们带着很强的目的性去培养孩子、去交朋友、去工作时，未必会有预想的结果。

人生不要有太多的设计，先出发，只要在“道”和“愿”上，就会遇到很多奇妙的缘分。全然地放心，坚定地相信，笃定地祝福，彻底地交托，人生将会越来越绽放。

命运的齿轮：

命由天定，运由人转

我们怎样看待命运这个人生课题呢？

人们常说“命由天定”，人生来的命确实有所不同。

比如，有些人生在北方，尤其是东北的冬季气候严寒，一年有好几个月干不了活。但出生在这些地方的人口才比较好，因为闲暇的时间久，经常在一起唠嗑。生在南方沿海地区的人要靠出海捕鱼维持生计，就比较有开拓精神。人们所在的环境不一样，身上的特质就会有所不同。我觉得这就是所谓的“命”，命由天定。

当然，下一句也很重要，叫“运由人转”。命是不是没有办法逆转呢？一定不是。

有一本书叫《了凡四训》，是明朝袁黄先生所作的家训，用以教诫他的儿子袁天启认识命运的真相，明辨善恶的标准，改过迁善。他以自己改变命运的经历来“现身说法”：在早期验证了命数的准确性，到后来进一步通晓了命数的由来，说明了人们完全可以掌握和改变自己的命运、自求多福的道理。

命由天定告诉我们，每个人有自己的因果，很多事我们无法决定。所以不要去羡慕别人，没必要拿自己和别人比较，没必要拿自己的孩子跟别人家的孩子比较。对已发生的要学会接纳，而不是对抗或内耗。

在佛学中转运的方式叫布施。布施就是种善因，得善果。我去问过很多人怎样会有财富？好几个朋友都很认真地告诉我，财富来源于布施。布施就是舍，我们想要的财富就是得。大舍大得，小舍小得，不舍不得。

《道德经》第八十一章讲道：“圣人不积，既以为人己愈有；既以与人己愈多。”如何成为圣人？尽全力帮助他人，自己反而更加充实富有；给予他人的越多，自己得到的也就越多。这也是在说转运的方式。

所以，命中有因果，人需要通过修行去种好自己的因果。**运由人转是告诉我们，无常时有发生，在无常中要不断创造，多做善事，广结善缘，美好就会发生，属于你的命运齿轮就会开始转动。**

自我成长心法

俭以养德，当欲望减少时，德行会得到更多的滋养。

外求的安全感不会恒久，真正的安全感是内心的笃定与自在，能允许一切的发生。

弯路是转折点，我们经历的挫折也是风景中的一部分。弯道处有风景，挫折中有机会。

我们要有前行的勇气，也要有停下来的心气。

在孩子经历痛苦时，父母要学会等待，等待孩子自己从苦难中穿越，并获得苦难的“馈赠”。

真正的自由不是让外界的一切如自己的愿，而是自己的内心自在无挂碍。

本色做人，角色做事。

人生不要有太多的设计，先出发，只要在“道”和“愿”上，就会遇到很多奇妙的缘分。

运由人转是告诉我们，无常时有发生，在无常中要不断创造，多做善事，广结善缘，美好就会发生，属于你的命运齿轮就会开始转动。